KB038286

인도양에서 출발하는

바다 이름 여행

인도양에서 출발하는 바다 이름 여행
_양, 해, 만, 그리고 해협

초판 1쇄 발행일 2014년 7월 1일
초판 2쇄 발행일 2017년 5월 30일

글과 그림 조홍연
펴낸이 이원중

펴낸곳 지성사 출판등록일 1993년 12월 9일 등록번호 제10-916호
주소 (03408) 서울시 은평구 진흥로1길 4(역촌동 42-13) 2층
전화 (02) 335-5494 팩스 (02) 335-5496
홈페이지 지성사.한국 | www.jisungsa.co.kr 이메일 jisungsa@hanmail.net

ⓒ 조홍연 2014

ISBN 978 - 89 - 7889 - 285 - 8 (04400)
ISBN 978 - 89 - 7889 - 168 - 4 (세트)

인도양에서 출발하는

바다 이름 여행

양, 해, 만, 그리고 해협

조홍연
글과 그림

언제부터인지 정확히는 모르겠지만 지구본에서 남빙양
남극해을 찾을 수가 없다. 다른 세계지도를 찾아보아도 역시
남빙양은 보이지 않는다. 항상 북빙양북극해은 있는데 남빙
양은 없다. 어릴 적에 세계는 5대양 6대주로 구성되며 5대
양은 태평양, 대서양, 인도양, 남빙양, 북빙양이라 외우고
다녔는데 그 큰 바다 중의 하나를 지도에서 볼 수 없다는
사실을 불과 얼마 전, 어른이 되어서야 알았다.

남빙양Southern Ocean은 남위 60도 이상에 위치하며 남
극대륙 주위를 흐르는 바다라는 과학적 사실은 알고 있다.
그런데 지도에서 찾을 수 없으니 당황스럽기까지 하다. 사
실 태평양, 대서양, 인도양을 남극대륙까지 연장하면, 남

빙양은 자연스럽게 3대양의 남쪽 부분에 포함된다. 바다의 경계가 대륙으로 둘러싸여 뚜렷하게 구별되는 북빙양과는 달리, 남극대륙을 둘러싸고 있는 남빙양은 보이지 않는 바다 위의 경계로 3대양과 연결되어 있어서 자연스럽게 3대양의 일부가 되기도 한다.

20여 년 전에 미국 지리학회NGS, National Geographic Society가 만든 『세계지도World Atlas』 한정판을 판다고 하여 주저하지 않고 적지 않은 돈을 주고 샀다. 평소 지도 보기를 워낙 좋

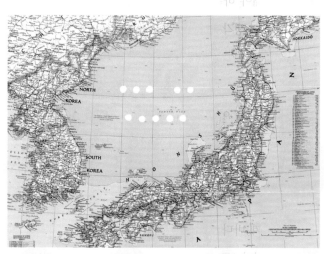

지도에서 지워진 바다 이름

아하기 때문에 지금도 소중하게 간직하고 있는 지도 중의 하나이다. 처음 지도를 받고 우리나라 주변을 찾아보다가 지도에 뚜렷하게 보이는 하얀 동그라미를 보며 의아해 했던 기억이 있다. 하얀 표시는 지도에서 어떤 글씨를 지운 흔적으로, 누가 봐도 무슨 글자인지를 쉽게 예측할 수 있었다. SEA OF JAPAN의 열 글자였다.

어떤 지도를 보든 국가와 국가의 경계에는 명확한 선으로 국경이 그어져 있다. 당연한 일이라 여겼다. 서로 경계를 구분해야 하는 상황에서 땅에 금을 긋는 일은 어려울 것이 없다고 생각했다. 그런데 언제부터인가 바다에도 금이 그려지고 있었다. 아니 어떻게 바다에 경계를 그릴 수 있단 말인가? 그런데 나라와 나라의 바다 경계를 그리는 정도가 아니라 '어느 바다는 어디에서부터 어디까지'라는 식으로 금을 긋고 국제기관인 국제수로기구IHO, International Hydrographic Organization가 이름까지 붙여 주고 있었다. 신기한 생각에 자료를 찾아보니 그 기관이 펴낸 한 보고서에는, 정말로 전 세계 바다가 육상의 국경과 같이 명확한 경계로 구분되어 있었다. 그 과정에서 우리나라는 동해를 일본해Sea of Japan로 표기하는 것을 동해East Sea로 바꾸려는 노력을 하고 있다.

지도를 열심히 들여다보다 보니, 바다를 육지의 경계나 대륙의 경계로 생각하는 등 모든 것을 육지 중심으로만 생각하고 있었다는 사실을 깨닫게 되었다. 바다를 연구하는 사람이면서 정작 바다 이름 같은 가장 기본적인 것에 무심했었다. 육지 중심의 사고에 익숙해 바다를 너무 무심하게 바라본 듯하다. 바다는 물속에 그 흔적을 품어 드러내지 않았을 뿐 세계사의 흔적을 육지 못지않게 많이 지니고 있는 공간이다. 육상의 교역 도시와 교역 루트만큼 많은 해상의 교역 루트와 거점 도시가 바닷가에 자리 잡았으며 수많은 해전의 역사도 품고 있다.

익숙한 육지에서 벗어나 바다를 알아보는 가장 손쉬운 방법이 바다 중심으로 지도를 보는 것이라면, 그 시작은 바다 이름을 살펴보는 것부터였으면 한다. 나 또한 육상 중심의 사고에 익숙한 사람이지만 한 사람이라도 더 바다에 관심을 가지게 되고, 나아가 그 바다 이름에도 관심을 갖도록 부추기기 위하여 이 글을 쓴다.

바다의 이름은 바다에서 느끼는 감정만큼이나 다양하다.
바다의 이름은 바다에서 배우는 교훈만큼이나 다양하다.
바다 이름은 우리가 바다를 아는 만큼 생긴다.

　국토가 바다와 대륙을 연결하는 반도인 우리나라 사람이라면 우리나라 바다는 물론 아시아의 바다, 세계의 바다 이름 정도는 상식적으로 알았으면 하는 바람을 담아 이 책을 기획했다. 처음부터 차분히 읽어 나가면 좋겠지만 어디선가, 언젠가 낯선 바다 이름이 들리거나 생각나면 그 이름이 나오는 부분만을 찾아 읽어도 좋을 것 같다.

　우리글 맞춤법에는 외국어에 바다 이름을 나타내는 양, 해, 만, 해협 등이 붙으면 띄어 쓰는 것이 맞다. 그러나 이 책에는 매우 많은 바다 이름을 소개하고 있어 원칙에 따라 띄어쓰기하면 연이어 읽기가 불편해져 해당 단어들을 모두 붙여쓰기했음을 밝혀 둔다. 마지막으로 구글어스와 옛날 지도, 땅 이름, 바다 이름에 대한 책을 쓰신 분들의 도움이 없었다면 이 책은 세상에 나올 수 없었기에 그분들께 깊은 감사의 뜻을 전한다. 또 원고 검토와 글쓰기를 지원해 주신 한국해양과학기술원의 관계자 여러분께도 감사를 드린다.

바다의 자격

　'바다 이름'에 관한 책이니 바다부터 확실하게 이야기해 보자. 바다라고 하면 새삼스레 모를 것이 없지만, 약간 혼란스러운 점이 없는 것도 아니다. 여러분은 '바다'와 '바다 같은 호수'를 구별할 수 있는가?

　예전에 바다에 대하여 강의를 하면서 '짠맛'이라는 간단한 기준으로 소금기가 있으면 바다, 그렇지 않으면 호수라고 알려 주었다. 그런데 '짠맛'으로 유명한 사해Dead Sea는 이름이 죽은 바다라는 뜻이지만 바다가 아니라 염분이 바다의 평균보다 약 10배(350PSU)^{PSU는 실용염분단위로 천분율} 높은 소금호수이다. 호수는 육지에 고여 있는 물이다, 짜든 달든. 그 맛이 짜면 염호鹽湖이고, 아무 맛도 없으면 그냥

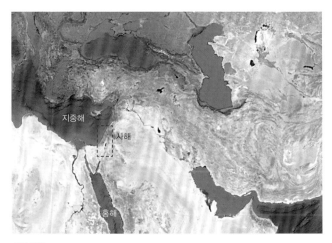

사해 주변

호湖이다. 물맛이 짜고 이름이 바다sea라고 해도 모두 바다
에 끼워 주지는 않는다.

그럼 바다는 무엇이고 어디까지인가? 즉, 바다를 어떻
게 정의해야 할까? 하고 묻는다면 이런저런 대답이 나오
겠지만 어느 누구도 "이것이 정답"이라고 주장하지는 않는
다. 자신이 연구하고 있는 관점에 따라서 여러 가지 대답을
할 수 있기 때문이다. 그러나 바다의 자격을 따져 보려면
어떤 기준이 필요하다. 교과서적 정의가 없으니 참고할 것
도 없지만, 그럼에도 조금 무리해서 많은 사람이 수긍할 수

13

있는 정의를 다음과 같이 만들어 보았다. 조금 애매모호하기는 하지만 여러 바다와 호수를 대상으로 검토해 보았더니 비교적 성공적이다.

"바다는 무지무지 넓고(크고), (얕은 바다도 있기는 하지만) 아주 깊고, (차이는 있지만) 짠맛이 나며 (무엇보다도 중요하고 강력한 자격인) 서로 연결되어 있는 물"이다. 내해^{內海}는 큰 지도에서 보면 완전하게 육지로 둘러싸여 있는 듯이 보이지만, 항상 해협을 통하여 다른 작은 바다 또는 큰 바다와 연결되어 있다. 여기에 약간 전문적인 내용인 '나름의 해류 체계'를 가지고 있다는 표현을 추가한다면 큰 바다, 즉 해양 ocean이다. 따라서 모든 바다는 결국 서로 연결되어 있다.

바다를 의미하거나 바다와 관련이 있는 단어로는, 한자는 바다 海^해, 큰 바다 洋^양, 바다의 좁은 물길인 海峽^{해협}, 水路^{수로}, 부분적으로 육지에 둘러싸여 있거나 후미진 바다인 灣^만이 있고, 영어는 sea·coastal waters^{바다}, ocean^{큰 바다, 해양}, strait·sound·channel·passage^{해협}, bay·bight·gulf^만 등이 있다. 그러나 이름에 이런 단어가 붙어도 앞에서 정의한 바다의 기준에서 벗어난다면 바다가 아니다. 대부분 '서로 연결되어 있다'라는 조건을 만족시키지 못한다.

그렇다면 강은 바다와 연결되어 있지 않은가? 그러나 물맛이 짜지 않아 탈락. 강의 끝 부분은 바닷물이 밀려 올라와 짠맛이 나기도 하지만 이런 곳은 하구라고 한다. 거기뿐이다, 강과 바다가 만나는 곳. 그렇다면 정말 짠맛이 나는 강은 없는 것일까? 염하鹽河, 소금하천라는 말이 있으니 그런 강도 있겠지만 강은 흐르는 물이고 바다는 고인 물이기 때문에 설혹 짠맛이 난다고 해도 바다는 아니다.

중국 내륙에는 푸른 바다라는 뜻의 칭하이靑海라는 큰 호수가 있다. 왜 이름에 '바다 해' 자를 붙였을까? 하고 고민하는 나에게 어떤 동료가 "바다처럼 넓으니 바다 해 자를 썼겠지요"라고 말했다. 간단하지만 그것이 정답인 듯하다. 사해처럼 짠맛이 나는 염호인 데다가 바다처럼 넓고 푸르러 푸른 바다라고는 하였으나, 다른 바다와는 연결되어 있지 않으니 바다가 아니라 호수이다. 앞에서 이야기한 사해의 옛 이름은 소금바다라는 뜻의 염해salt sea였다. 물에 소금기가 있어 바다 해 자를 붙였다고 해도 이곳 역시 바다는 아니다. 일부만이 아니라 사방이 완전히 육지로 둘러싸여 다른 바다와 서로 연결되어 있지 않기 때문이다. 중앙아시아에 있는 카스피해Caspian Sea와 아랄해Aral Sea도 이름에

해 자를 쓰지만 역시 바다가 아니라 염호이다. 미국은 영어를 쓰는 국가답게 염호는 염호$^{salt\ lake}$라고 밝히고, 바다 같이 큰 호수는 대호$^{Great\ Lakes}$라고 써서 호수임을 밝힌다. 여하튼 내륙에 있는 호수는 짜든 달든, 크든 작든 호수이다.

이렇게 우리가 정한 '바다의 자격'을 기준으로 판단하니 바다와 호수의 구분이 확실해진다. 바다에 대한 자격 심사는 이 정도로 하고, 바다의 이름을 살펴보기로 하자.

본격적으로 바다 이름을 알아보기 전에 참고로 '바다'의 어원을 라틴어에서 살펴보면 바다^{海}는 'mare', 'pontus'이고, 큰 바다^{洋}는 'oceanus'이며 '큰 강'이라는 의미란다. 바다의 크기를 생각하면 큰 강으로 표현한다는 것이 말도 안 되지만 옛날 사람들로서는 늘 보아 오던 강에 비하여 무지무지 큰 바다를 매우 '큰 강'이라 여긴 것이 자연스러웠을 수도 있다. 이때 큰 강은 바다라고 생각하는 지중해^{地中海}를 제외한, 주변에 있는 모든 대륙을 둘러싸고 흐르는 엄청나게 커다란 바다를 큰 강으로 인식한 것이다. 강이고 바다고 그 어원을 더 파고 들어가면 결국은 물, 큰 물이 된다.

흔히 바다를 해양^{海洋}이라고 하는데 '해'는 바다, '양'은 큰 바다를 뜻한다. 그러나 크고 작다는 기준은 사람이나 나라마다 달라서 옛날에는 새로 발견하는 큰 바다에 여기저기 'ocean'을 사용하였지만 지금은 5개의 바다로만 한정해 붙인다. 큰 바다의 개수도 남극대륙이 발견된 이후 남빙양이 대양으로 인정받으면서 5대양이 되었다. '양'이 큰 바다라는 뜻이니, 대양은 '더 큰 바다'가 된다.

사람들은 막연하게 많은 바다보다는 어느 정도로 한정하는 것을 좋아하는 듯하다. 지금이야 전 세계가 대략 5대양 6대주라는 것을 인정하는 분위기이지만 남극대륙이 발견되기 전에는 그렇지 않았다. 여하튼 지금은 태평양, 대서양, 인도양, 남빙양남극해, 북빙양북극해을 아울러 5대양이라 한다. 남빙양과 북빙양에서 '빙'은 얼음 빙氷 자로 바다가 언다는 뜻이란 것은 누구나 안다.

이 5대양을 아주 오래전부터 부르던 이름들 먼저 살펴보면 어떨까? 워낙 큰 바다이지만 사람 눈으로 볼 수 있는 범위는 한정되므로 같은 바다를 참으로 많은 이름들로 불러왔다. 우선, 크기로는 일등인 태평양太平洋이 '평화로운 바다Mare Pacificum', '동쪽의 큰 바다Oceanus Orientalis, Eastern Ocean', '거대한 바다Grand Ocean', '남쪽바다유럽 기준

으로, 남쪽으로 항해하다가 남아메리카를 돌아서 만나는 바다라는 뜻'로 불렸
다. 대서양大西洋은 '서쪽의 큰 바다Western Ocean, Oceanus
Occidentalis', '아틀라스의 바다Oceanus Atlanticus', '북쪽 바다
남쪽으로 항해해야 만나는 태평양에 비해 상대적으로 북쪽에 있는 바다'라고 불
렸다. 다른 대양보다 크기는 작지만 대양으로 세상에 가장
먼저 알려진 인도양印度洋은 '인도의 바다Mare Indicum, Indian
Oceanus', '남쪽의 큰 인도 바다Oceanus Indicus Meridional',
'동쪽의 큰 바다Orientalis Oceanus', '소서양小西洋', '남해南海,
중국 기준으로 남쪽바다'라고 했다. 북빙양北氷洋은 '얼음바다Mare
Glaciale', '북쪽의 큰 바다Oceanus Septentrionalis'라고 불린 데
비해 '남쪽 바다'는 보여도 '남빙양' 또는 '남극해'는 찾아볼
수 없다. 라틴어를 주로 사용하던 시기에는 남극대륙의 존
재조차 몰랐기 때문에 남극해나 남빙양 역시 잘 알려지지
않았으니 이름이 있을 리 없다. 당연히 지도에서도 찾을 수
없다.

사람들은 지구 위의 모든 바다와 땅을 5개의 큰 바다
5대양와 6개의 큰 육지6대륙, 6대주로 구분한다. 6대주는 아시
아, 유럽, 아프리카, 북아메리카, 남아메리카, 대양주oceania
로 남극대륙이 빠져 있음에도 다른 의견이 없다. 그러나
5대양은 과학자마다 의견이 조금씩 다르다. 보통은 대양의
크기 순서대로 태평양, 대서양, 인도양, 남빙양남극해, 북빙
양북극해을 5대양이라 하는데, 일부 과학자는 북빙양은 대서
양의 북쪽 바다로, 남빙양은 태평양, 대서양, 인도양의 남
쪽 바다로 보아 3대양으로 구분한다. 또는 크기가 매우 큰
태평양과 대서양을 다시 적도를 기준으로 하여 남과 북으
로 나눠 북태평양, 남태평양, 북대서양, 남대서양, 인도양

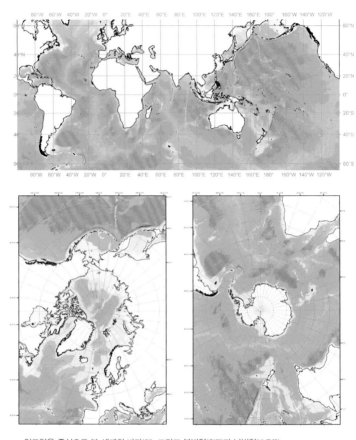

인도양을 중심으로 본 세계의 바다(위), 그리고 북빙양(왼쪽)과 남빙양(오른쪽)

으로 구분해 5대양이라고 하기도 한다. 규모만으로 본다면

이 구분법이 적절하다. 또 어떤 과학자는 이렇게 나눈 5대

양에 추운 바다이면서 나름의 해류 시스템을 가지고 있는 남빙양과 북빙양을 포함시켜 7대양으로 구분하기도 한다.

육지의 경계면이 바다이듯이 바다의 경계는 육지가 된다. 공처럼 둥근 지구에서 바다를 나누어서 살펴보려면 구획을 잘 나누어야 한다. 여기에서는 간단하게 지구 적도를 기준으로 북쪽과 남쪽의 60도 부근까지 둥그런 띠로 나누고, 60도 이상의 남극과 북극 지방은 각각 큰 원으로 나누었다. 이는 지구의 열대 지방hot zone; 위도 기준 0~30도, 온대 지방warm-cool zone; 위도 기준 30~60도, 한대 지방cold zone; 위도 기준 60~90도 같은 기후 구분과 비슷해서 크게 낯설지는 않으리라 생각한다. 이 구분은 교과서적 기준은 아니고 공과 같은 지구를 종이 위에 표시하기 위하여 지구의 위도를 간단하게 3등분한 것이다. 바다는 남북을 각각 60도를 기준으로 양분하였다.

01

동양과 서양이
공존하는 바다, **인도양**

최근 중국에서는 옛날 명나라 때의 사람이, 외국인에
의해 새롭게 조명되어 관심을 받는 이가 있다. 바로 항해가
정화鄭和, Zheng He로, 그를 부각시킨 사람은 멘지스Gavin Menzies
라는 영국 사람이다. 그는 정화를 콜럼버스보다 약 100년 정
도 앞서서 전 세계를 항해하고, 아메리카대륙을 발견한 인
물로 소개하였다. 이로 인해 해양의 중요성이 다시 한 번 강
조되었으며, 중국에서는 정화를 영웅으로 추앙하여 정화의
항해 600주년을 기념하는 우표가 나오기도 하였다.

    우리나라에 해상왕 장보고 장군이 있다면 중국 명나라
에는 정화가 있었다. 중국 명나라의 태감환관의 우두머리 정화는
영락제 황제의 명령으로 대선단을 이끌고 여러 차례에 걸쳐

서쪽으로 해상 원정을 다녀왔다. 이때 정화가 향했던 서쪽 바다 서양西洋은 어디일까? 이때의 서양은 지금의 유럽이 아니라 중국 남해의 서쪽으로 바로 인도양이다.

그럼 'Eastern Ocean', 라틴어로 'Oceanus Orientalis동쪽의 큰 바다'은 어디인가? 둘 다 번역하면 동양東洋이 되는데 모두 인도양을 가리킨다. 유럽을 기준으로 보면 인도양은 동쪽의 큰 바다이기 때문이다. 물론 동양은 다른 바다를 의미하는 단어로도 빈번하게 사용되었다. 같은 바다이지만 자신의 위치를 기준으로 방향을 잡아 부르니 서쪽 바다서양도 인도양이고, 동쪽 바다동양도 인도양이 되고 말았다. 태평양은 태평양이라는 이름을 사용하기 전에는 대동양大東洋으로 불렸으며, 인도양과 태평양 사이의 큰 바다지금의 중국해 또는 아시아에서 바라본 태평양 일부는 소동양小東洋이라고 했다. 옛날 지도 중에는 잠깐 동안이기는 했지만 태평양을 소동양이라 하고, 아메리카대륙을 넘어서 있는 바다, 바로 대서양을 대동양이라 한 것도 있었다. 지구가 둥글다는 사실을 알고는 있지만 응용하지 못했던 시절의 지도이다.

인도양Indian Ocean은 오랜 역사를 지닌 나라 '인도India인더스강에서 유래'에서 그 이름이 유래하였음은 쉽게 짐작할 수

25

있다. 물론 아주 옛날에는 '인도에서 가까운 바다'라는 뜻으로 공간의 범위가 한정되어 지금의 인도양 북부 해역 정도를 가리켰으나 지금은 현재의 인도양 전체를 포함한다.

인도양은 중국을 기준으로 보면 서쪽에 있는 바다이니 작은 서양小西洋이 된다. 그래서 중국 사람들은 자신들 입장에서 정화의 '남해 원정' 또는 '하서양서양으로 가다'이라고 부른다. 서쪽으로 더 가면 아프리카와 유럽을 지나서 해가 지는 서쪽에 더 큰 바다 대서양이 있기 때문에 소서양이라 구분하였다. 대서양은 영어로 'Atlantic Ocean아틀라스의 큰 바다'이지만 'Western Ocean'이라고도 불렸다. 유럽을 기준으로 봐도 대서양은 '서쪽의 큰 바다'이다.

인도양에서는 옛날부터 동남아시아의 교역이 이루어져 왔기 때문에 정화의 남해 원정은 해상 교역의 현장에서 중국의 위상을 부각시키려는 의미로 해석할 수 있다. 그러나 인도양은 인도나 중국만의 바다가 아니었다. 역사 속에서는 인도양보다 유럽 사람이 교역을 하기 위하여 인도양을 찾아가는 과정이 주로 등장한다. 아프리카를 돌아 찾아가거나 수에즈운하를 건설하여 짧은 항로를 만들기도 하였다. 그중 기발했던 것은 지구가 둥그니까 반대 방향으로 돌아가 보자는 콜럼버스의 생각이다. 그는 자신이 도착한 곳이 아메리카대륙이란 사실을 몰랐을 뿐 생각은 틀리지 않았다. 콜럼버스는 자신의 생각대로 도착한 곳을 인도라 여겨 그곳은 서인도 제도가 되었다.

그런데 서인도라는 이름대로라면 인도의 서쪽이어야 하는데, 유럽에서 서쪽으로 항해하다가 도착했으니 인도의 동쪽이 아닌가? 서쪽으로 가다가 만난 인도라는 뜻에서 서인도 제도라고 했을까? 콜럼버스가 헛갈린 만큼이나 이름도 혼동스럽다. 그리고 보니 요즘에는 서인도 제도라는 표기를 잘 사용하지 않는다. 이렇듯 인도양은 동양과 서양 사이에서 그 중심을 잡아 주고, 유럽 사람들이 대서양이나 태평양을 지나 다양한 물품 교역을 위해 찾았던 인도와 동남아시아로 가는 길목이었다. 바다로 볼 때 인도양은 그 중심이다.

인도양은 가장 오래전부터 가장 활발하게 해양 무역의 중심으로 자리 잡아 왔기 때문에 태평양이나 대서양에 크기는 밀리지만 전통적으로 가장 중요한 바다였고, 바다이다. 바다 이름만 보더라도 인도양은 기준이 된다. 인도양의 서쪽에 있는 바다가 대서양이고, 동쪽에 있는 바다는 한때 대

스리랑카 해안에서 바라본 인도양 자연적으로 형성된 방파제가 있어 먼바다에서 파도가 부서진다. 사진 속 막대는 사람들이 매달려서 낚시하는 곳이다.

동양이라 불렸던 태평양이다. 세상에도 대서양이나 태평양은 인도양보다 나중에 알려졌다. 경력(?)만으로도 인도양은 가장 오래된 바다이다. 이것이 인도양부터 바다 이름에 관한 이야기를 시작하는 이유이기도 하다. 『대항해 시대(주경철, 2008, 서울대학교 출판부)』라는 책을 읽다 보니 해상 교역과 풍요의 중심이 최근까지도 '인도 - 중국'을 포함한 아시아에 있었다는 주장이 이해가 된다. 다양하고 풍요로운 물품 산지인 인도, 중국, 동남아시아와 교역을 하기 위해 유럽 사람들이 활발하게 항로를 개척했던 시기가 바로 대항해 시대이기 때문이다.

스리랑카의 모래해안 배를 타고 조금 나가면 산호와 바다거북이 살고 있는 모습을 볼 수 있다.

　　동쪽 바다와 서쪽 바다를 이야기하면서 동양東洋과 서양西洋이라 표현하니까 헷갈릴 수도 있다. 사실 동양과 서양이라는 단어는 각각 아시아의 동부와 남부, 즉 유라시아 대륙의 동부 지역을 통틀어 이르거나, 유럽과 남북아메리카의 여러 나라를 통틀어 이르는 말로 흔히 사용되기 때문이다. 영어(또는 다른 라틴어 표기 등)로는 문명이나 지역적 권역을 가리킬 때는 'The East', 'The West'이고, 바다를 가리킬 때는 'The Eastern Ocean', 'The Western Ocean'이다. 여기에서는 바다 이름에 대해 이야기하고 있으므로 바다란 뜻의 '동양'과 '서양'이다.

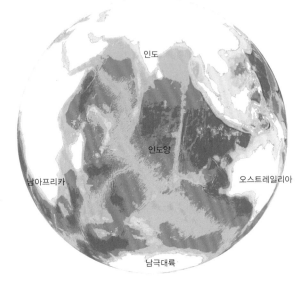

인도양

    인도양은 인도를 포함한 아시아대륙의 남쪽에 있으며, 서쪽은 아프리카, 동쪽은 인도차이나반도, 말레이시아, 인도네시아, 오스트레일리아 등 줄지어 늘어선 섬들에 의해 각각 대서양 또는 태평양과 구분된다. 인도양의 남부 해역은 망망대해이다. 둥근 지구를 평면의 지도로 옮겨 보면 인도양의 남쪽 양 경계라 할 수 있는 오스트레일리아와 아프리카 남단의 남아프리카공화국 사이가 엄청나게 떨어져 있

옛날 세계 지도를 보다 보면 크게 두 가지 어려움을 느끼게 된다. 하나는 지도가 형편없는 것으로, 지금이야 세상 구석구석 정확하게 다 잘 알려져 있으나 옛날에는 알고 있는 세계의 범위가 좁았다. 예를 들어 유럽 사람은 유럽, 아프리카 북부, 아라비아(중동)와 인도 정도를 알 뿐이고 중국은 그런 나라가 있으려니 생각하는 정도였다. 아시아 사람은 어떠했을까? 중국을 중심으로 인도와 아라비아 정도는 알고 있었으리라 생각되지만, 이들 역시 유럽이라는 대륙이나 아프리카는 그런 나라가 있다고 하던데…… 하는 정도였을 것이다. 이러한 상황에서 세계 지리에 대한 정보를 하나하나 수집하면서 지도를 수정해 왔으니, 옛날 지도일수록 정보가 틀리고 부족한 점이 많아 지도보기가 쉽지만은 않다.

또 하나는 지금이야 영어를 국제 공용어로 사용하고 있어 영어로 표기된 세계 지도가 많고 그에 준해 국가 이름이나 지명(도시)을 어느 정도 찾아 읽을 수 있다. 그러나 옛날 지도는 대부분 유럽 여러 국가에서 제작되었기 때문에 기본적으로 라틴어, 영어, 프랑스어, 네덜란드어, 독일어, 스페인어, 이탈리아어 등 다양한 언어를 사용하고 있어 이런저런 사전을 뒤져가며 일일이 찾아보아야 그 의미를 이해할 수 있다. 그나마 이 언어들은 근원이 같아 비슷한 구석이 있어서 대강의 의미는 추측할 수 있지만, 여전히 정확한 의미 파악은 어렵다. 사실 필자도 이 글을 쓰기 위해 자료를 찾아보면서 아랍어, 러시아어 등은 아예 포기를 했고 그리스어는 읽을 수 있음에도 포기할 수밖에 없었다. 알파벳을 사용하는 언어들과 한문을 병용하는 범위 내에서 이해가 가능했다. 아쉽지만 글, 아니 단어의 해독 수준이 이 정도이기 때문에 고지도를 보기가 어려웠던 것은 당연한 일이었는지도 모르겠다. 한자를 모르는 사람이었다면 더 어려웠을 것이라 판단된다.

는 것으로 보인다.

남쪽으로 더 내려가면 추위로 이름을 떨치는 남극대륙까지 이어지는데 그 사이에는 명확한 경계를 그을 수는 없지만 남빙양이 있다. 남빙양까지 내려가지는 않지만 인도양의 남쪽 바다를 영어로 'Eastern Ocean'이라고도 하는데, 이는 유럽을 기준으로 보아 동쪽에 있기 때문이다. 5대양 중의 하나인 인도양은 큰 바다답게 작은 바다를 여럿 포함하고 있다. 인도양에는 어떤 바다들이 속해 있는지 살펴보자.

홍해

성서에서 모세가 바다를 갈라 길을 내는 기적을 보인 곳으로 유명한 홍해Red Sea가 인도양의 북쪽에 있다. 홍해는 산호가 살 정도로 따뜻하고 매우 맑은 바다이다. 성서에서는 모세가 이집트에 내린 재앙의 하나로 홍해를 피바다로 만들었다고 하지만, 해양 전문가는 홍해를 붉게 만든 것은 따로 있었다고 본다. 바로 붉은색을 띠는 식물플랑크톤 *Trichodesmium erythraeum*이 번성하여 바다가 붉어 보이는 적조red tide 현상이 나타난 것이라 설명한다. 그나마 붉게 보이는 부분은 홍해의 일부분에 지나지 않는데, 워낙 성경 내용이 유명

홍해와 그 주변 바다

하여 전체가 홍해가 되어 버렸다. 홍해로서는 섭섭할 일이다. 홍해의 옛 이름은 'Mare Rubrum루비처럼 붉은 바다'이며, 아랍의 유명한 여행가인 바투타Ibn Battutah는 자신의 여행기에서 이슬람의 성지 메카 부근의 항구도시 짓다Jeddah 또는 Jiddah의 이름을 따서 짓다해로 표기하였다. 짓다는 아랍어로 '할머니'라는 뜻이라고 한다. 기록으로만 남겨져 있다 보니 홍해라는 이름과 더불어 겨우 명맥을 유지하는 이름으로 남아 있다.

옛날에는 홍해와 아라비아해를 중심으로 지중해, 흑해, 벵골만Bay of Bengal 정도가 인도양 해상 교역의 전부였기 때문에 홍해는 결코 인도양의 변두리가 아니었을 뿐만 아니라 모세와 관계있는 바다이다 보니 유명세로 관심의 대상이 되었다. 물론 지금은 홍해 주변만이 아니라 남쪽으로 연결된 아덴만을 지나 현재의 인도양으로 연결되기 때문에 홍해의 영향 범위가 넓어지게 되었다.

홍해는 머리 부분에 시나이반도가 있고 시나이반도 좌우로 마치 뿔과 같이 수에즈만과 아카바만이 있다. 수에즈만은 수에즈운하를 통해 지중해와 연결되며, 또 하나의 뿔 아카바만이 바로 모세가 바다를 갈랐을, 아니 갈랐다면 그 부근일 것이라 추정되는 곳이다. 홍해의 갈라짐을 연구하는 사람은 쓰나미가 덮치기 직전에 물이 빠져나가면서 일어난 현상일 것이라고 주장한다. 또는 바람이 계속 불어와 얕은 부분의 바닷물이 밀려나서 바닥이 드러나게 된 것이라는 주장도 있다. 홍해가 갈라지는 원인과는 다르지만 우리나라는 조석의 영향으로 서해안과 남해안의 제부도, 무창포, 진도 등에서 모세의 기적이 흔히 일어나다 보니 별로 특별할 것도 없다. 여하튼 홍해는 모세가 가른 것 외에도 지질학적으로는 아프리카대륙과 아라비아반도를 가르고, 정치적으로는 아시아(이스라엘)와 아프리카(이집트)를 가르는 것을 보면 이래저래 나누는 바다임에는 틀림없다.

홍해는 아라비아 상인과의 교역이 활발하다 보니 아라비아만이라고도 한다. 아랍어로는 알-아마르al-Ahmar 바다라고 하는데, 아마르가 '붉다'는 뜻이니 역시 홍해가 된다.

붉다는 뜻의 홍해라는 이름을 달리 해석하기도 한다. 색깔에 방향의 의미를 부여하는 것으로 검은색은 북쪽, 빨간색은 남쪽으로 해석한다. 옛날 그리스 사람이 누비고 다녔던 지중해를 중심으로 보면 흑해는 북쪽에, 홍해는 남쪽에 있어서 각각 흑해와 홍해가 된 것이다. 청색과 백색도 방향을 나타내는 색깔로, 각각 동쪽과 서쪽을 가리킨다. 운동회에서 흔히 청군과 백군으로 편을 갈라 동군과 서군이라 하는 것에서 알 수 있다.

나라나 문화에 따라 의미 차이는 있을 수 있으나 색깔에 방향성을 부여해 왔다는 것은 공통적이다. 매우 멀리 떨어져 있는 나라들이라 섣불리 판단하기는 어렵지만 이집트와 중국이 같은 방향을 같은 색으로 나타낸 경우가 있다. 이집트의 나일강은 청나일강과 백나일강으로 나누어져 있는데 이때의 청백은 색깔보다는 방향의 의미로 동쪽과 서쪽을 가리킨다. 중국에서는 신기하게도 동서남북을 지키는 상징

적인 동물로 좌청룡^{동청룡} – 우백호^{서백호} – 남주작^{남쪽은 붉은 공작 –} 북현무^{북쪽은 검은 거북}를 꼽는다. 남쪽을 바라보는 제왕의 입장에서 좌 – 우는 각각 동서이므로 동쪽은 청색, 서쪽은 백색이고 남쪽은 붉은색^{붉을 주}, 북쪽은 검은색^{검을 현}이다. 거리가 꽤 멀리 떨어져 있는 두 나라가 방향을 색깔로 나타내는 것뿐만 아니라 그 방향까지 같다는 것은 우연의 일치치고는 매우 신기한 일이다.

마지막으로 하나 더. '이^e' 빠진 바다라면 무슨 바다일까? 갈대^{reed}에서 'e'가 빠지면 'red'가 된다. 홍해 연안을 갈대바다라고도 하는데, 실수인지 의도적인지는 몰라도 영문 이^e가 빠져 홍해가 되었다는 주장도 있다. 유명한 바다이다 보니 주장도 참으로 많다.

아라비아해

홍해를 벗어나면 '눈물^{비통}의 관문'이라는 바브-엘-만데브^{Bab-el-Mandeb}해협을 지나 아덴만^{Gulf of Aden}을 지나면 아라비아해^{Arabian Sea}로 접어든다. 아랍 민족과 아라비아반도가 있으니 이름의 유래는 쉽게 알 수 있다. 아라비아해는 아랍인의 바다라는 뜻으로 아프리카를 돌아 인도로 바로 가는

색깔로 구별되는 바다

사람들은 흔히 푸른 바다라고 하는데 모든 바다가 푸른빛만을 띠는 것은 아니다. 이름에 색깔을 나타내는 단어가 들어 있는 바다로는 인도양의 홍해Red Sea 외에도 우리 바다 황해Yellow Sea가 있고, 러시아의 백해 White Sea, 지중해에 붙어 있는 흑해Black Sea도 있다.

황해는 노란색yellow이 아니라 누런색黃 바다라고 해야 맞다. 중국 황하를 따라 매우 고운 모래가 흘러들어 누런색을 띠는 바다인데, 정서가 풍부한 우리 표현을 제대로 살리지 못하고 그만 노란바다Yellow Sea로 번역되고 말았다. 마음에 들지는 않지만 그렇다고 갈색 바다라고 하기도 그렇고……. 표현에 차이는 있어도 황해는 누런색을 띠는 바다이다.

백해는 러시아 북쪽에 위치한 바다이다. 몹시 추운 지역에 있어서 얼음과 눈으로 덮여 있는 시간이 많다 보니 하얗게 보인다고 해서 하얀 바다가 되었다. 하얀 바다가 분위기는 있지만 바다를 길로 이용하려는 러시아 사람에게는 장애물이 된다. 하얀 얼음 바다를 헤치고 북빙양을 지나 유럽으로 나갈 수 없기 때문에 백해와 북유럽의 발트해를 연결하는 인공수로 운하를 만들었다. 발트해를 지나면 북해를 지나 대서양으로 진출할 수 있어서 러시아 사람들의 집념이 보인다.

검은 바다 흑해는 백해에 비하면 검게 보인다 하여 붙여진 이름이다. 지중해와 더불어 다양한 교역무역이 활발하게 진행되었던 역사적인 지역이다 보니 이름의 유래에 대한 의견이 많다. 안개가 자주 껴서 앞이 전혀 안 보인다는 의미도 있고, 바람이 많고 파도가 높아 무섭기 때문이라는 의미로 붙여졌다고도 한다. 최근에는 바닥에서 황화수소H_2S가 배출되면서 바닥이 검은색으로 보인다는 과학적 설명도 가세하였다. 흑해는 터키 연안에 있기 때문에 터키어로 검다는 뜻인 '카라'를 붙여 '카라해 Karadeniz'라고도 한다. 러시아의 카라해Kara Sea와 발음은 같지만 당연히 다른 바다이다.

해상 교역 루트가 발견되기 전까지 서양과 동양을 연결하는, 아랍인의 대표적인 활동 무대가 되었던 바다였다. 아라비아해는 오만만과 페르시아만을 지나 유럽으로 연결되는 육상 교역 루트와 홍해를 거쳐 지중해로 연결되는 해상 교역 루트가 나뉘어 갈라지는 바다이기도 하다.

한편 지금은 홍해에 밀려 쓰지는 않지만 인도타밀어로 불타는 바다burning sea라는 뜻의 에리트레아해Erythraean Sea, Mare Erythraeum로도 불렸다. 해질녘에 붉게 물드는 아라비아해를 보면 붉은 바다라는 이름도 제법 어울린다. 참고로 '붉은 바다'라는 뜻을 가진 Mare Rubrum그리스어 Erythra Thalassa; 라틴어 Mare Erythraeum도 있다. 조금은 어려운 단어 Erythraen Sea. 붉은 바다라는 의미이기는 하지만 이 이름은 아라비아해를 포함한 인도양을 지칭하는 의미로 사용되었다.

페르시아만

이름 자체가 큰 만인 페르시아만The Gulf; Persian Gulf은 아라비아해 북쪽에 있다. 홍해에서 바브엘만데브해협을 지나면 아덴만이 있고, 아덴만 옆으로 오만만Gulf of Oman이 있다. 아덴만은 예멘의 수도 사나 남쪽에 있는 항구도시 아덴에서, 오만만은 나라 이름 오만에서 각각 유래하였다는 것은 어렵지 않게 알 수 있다. 오만만과 페르시아만 사이에는 최근 이란의 해상 봉쇄로 유명해진 호르무즈해협Hormuz Strait이 있다. 호르무즈가 사람 이름이라는 주장과 왕국 이름이라는 주장이 엇갈린다. 알렉산더 대왕이 동방 원정에 나섰을 때, 이 해협으로 정찰을 보낸 정찰 대장의 이름이라는 주장도 있는데 알렉산더 대왕이 등장하니 왠지 관심이 쏠린다. 다른 주장은 이 지역을 다스리던 아랍의 오르무즈 왕국Kingdom of Ormus에서 유래하였다는 것이다. 오르무즈는 Ohrmuzd, Hormuz, Ohrmazd, Ormuz포르투갈어라고도 표기한다. 또는 페르시아의 국교에 해당하던 조로아스터교의 유일신인 아후라 마즈다Ahura Mazda에서 따와 호르무즈Hormuz가 되었다는 주장도 있다. 워낙 역사가 깊은 지역이라 주장이 매우 다양할 뿐 아니라 모두 일리가 있다.

사람들이 아라비아와 페르시아를 혼동하는 경우가 많은데, 아라비아는 사우디아라비아를 포함해 아라비아반도에 살고 있는 주로 이슬람교를 믿는 민족으로 메소포타미아 문명의 주인공이다. 페르시아는 지금의 이란 민족으로, 대제국 페르시아를 건설했던 민족을 말한다.

페르시아만은 미국이 주도한 걸프전이라는 최근의 전쟁으로도 유명한데, 큰 만이라는 뜻을 가진 걸프가 페르시아만이다. 또 하나의 유명한 걸프가 있는데, 그 걸프는 멕시코만Gulf of Mexico이다. 그러나 페르시아가 워낙 오래된 역사를 가지고 있고 큰 만의 원조이기 때문에 페르시아만은 페르시아만Persian Gulf이라고 하지 않고 그냥 대문자로 표기하여 'The Gulf'라고도 한다. 원조에 대한 정중한 예우이다.

라카디브해

아라비아해에서 인도를 지나 벵골만으로 가기 전, 우리나라 학생들이 보는 지리부도에는 나오지 않는 바다가 하나 있다. 라카디브해Laccadive Sea로 보통의 세계 지도에는 바다 대신 이 바다에 있는 라카디브제도만이 나온다. 라카디브해는 인도 남부와 스리랑카, 몰디브가 둘러싸고 있는 바다이다. 라카-디브Lacca-dive라는 단어를 보니 최근 신혼여행지로 인기가 있는 몰-디브Maldives와 관련이 있을지도 모르겠다. 라카디브는 인도의 고어인 산스크리트어로 'Lakshadweep'이며, '수백~수천 개의 섬'이라는 뜻이다. 결국 라카디브해는 섬이 많은 바다, 다도해多島海가 된다. 참고로 몰디브는 '꽃

garland 같은 섬'이라는 의미인데, 둥그런 환초 형태의 섬이라 그러한 이름이 붙여졌을 것이라 추측한다. 옛날 홍해를 지나서 아라비아해에서 이 라카디브해를 지나 스리랑카로 이어지는 항로를 보면 인도양의 일부인 이 바다에서 많은 섬을 볼 수 있기 때문에 섬이 많은 바다로 불리는 것은 당연하다.

전 세계의 바다 여기저기에는 유명한 다도해가 많다. 바다에서 섬은 육지 이상의 매우 중요한 의미를 가진다. 바다의 오아시스이기도 하고, 바닷길을 알려 주는 이정표이기도 하다. 다도해는 바다이지만 보면 볼수록 참으로 묘한 단어이다. 직접적인 의미는 섬이 많은 바다이지만 그 바다에 있는 섬을 가리킬 때도 사용한다. 즉 다도해는 섬이 많은 바다도 되고, 그 바다에 있는 섬海多島도 된다.

벵골만

라카디브해에서 인도반도를 돌아가면 벵골이라고 발음되는 벵골만이 있다. 벵골은 아주 오래된 지역의 이름으로, 옛날 지도에도 똑같이 벵골로 표기되어 있다. 남아시아의 동북부 지방으로, 지금의 방글라데시東벵골와 인도의 서벵골주와 트리푸라주를 아우르는 지명이다. 동물도감에 표지

모델로 자주 등장하는 무서운 벵골호랑이를 알고 있을 것이다. 바로 그 호랑이로 유명한 지역이며, 그 이름이 바다 이름이 되었다. 벵골만은 갠지스강이 바다로 흘러드는 곳이라 갠지스만, 갠지스해Ganges Sea라고도 불렀는데 지금은 벵골의 유명세에 밀려 거의 쓰지 않는다. 인도의 갠지스강이 이름의 명맥을 유지하고 있을 뿐이다.

모잠비크해협

아라비아해의 서남쪽 방향으로 아프리카대륙이 있다. 아프리카는 오랫동안 리비아나 고대 국가로 유명한 에티오피아라는 나라 이름으로 대표되어 인식되어 왔다. 아라비아해의 서남단, 즉 아프리카 남동쪽 연안과 디즈니 영화로 유명해진 마다가스카르섬 사이에 모잠비크해협Mozambique Channel이 있다. 아프리카 동쪽 연안까지 포함하여 이 바다는 에티오피아해로 불렸던 적도 있다. 에티오피아가 아프리카를 대표하는 나라로 생각하던 시절의 이야기이다.

'에티오피아' 하면 여러분의 부모님은 아마도 올림픽 마라톤에서 맨발로 뛰어 두 번이나 우승한 아베베Bikila Abebe, 1932~1973와 전설 속 시바의 여왕을 떠올리는 사람이 많을 것이다. 시바의 여왕은 아라비아 예멘과 아프리카 말라위 부근에 살던 시바 족의 여왕이다. 솔로몬의 명성을 듣고 그의 지혜를 확인하려고 직접 예루살렘으로 가서 만나고 돌아왔으며, 귀국하여 솔로몬의 아들 메넬리크Menelik를 낳았다고 한다. 그가 에티오피아를 건국한 메넬리크 1세 황제이며, 이 이야기를 전하는『코란』에는 그녀의 이름을 빌키스Bilqis, Bilgis라 기록하고 있다.

모잠비크해협은 아프리카 국가인 모잠비크Mozambique와 영화 「마다가스카」로 유명해진 인도양 최대의 섬 마다가스카르 사이의 해협이다. 이름은 모잠비크에서 유래하였음을 알 수 있는데, 나라 이름 모잠비크는 처음으로 이곳을 방문하여 정착한 아랍의 무역상 이름 Musa Al BigMossa Al Bique, Mussa Ben Mbiki에서 유래되었다고 한다. 국가 이름으로까지 붙인 것을 보면 신드바드보다 유명한 무역 상인이었나 보다. 이 사실로 미루어 옛날부터 아랍과는 교역이 있었던 것으로 보이나, 유럽에는 포르투갈의 항해자인 바스코최근에는 바스쿠로 표기 다 가마Vasco da Gama가 소개하였다. 바스코 다 가마는 1497~1498년에 처음으로 홍해와 아라비아해를 지나는 대신 아프리카대륙의 연안을 따라 희망봉을 돌아 모잠비크해

협을 지나 인도의 항구도시 캘리컷Calicut, 고아Goa까지 항
해한 유럽 사람이다. 이 항해를 시작으로 포르투갈의 아시
아 식민 진출이 이루어졌다.

02

동쪽의 아주 큰 바다, 태평양

태평양이라는 바다 이름의 유래를 찾는 일은, 마젤란 Ferdinand Magellan의 세계 일주에서 한 부분을 차지하는 아메리카 남단의 험한 해협과 함께 마젤란을 빼놓고는 이야기할 수 없다. 지금은 마젤란해협으로 이름이 붙여졌지만, 그 당시에는 해협인지 육지로 둘러싸인 만인지도 모르는 상태에서 어렵게 어렵게 헤쳐 나가서 엄청나게 큰 잔잔한 바다를 만나게 되니 '평화로운 바다Mare Pacificum'라고 명명한 데에서 그 이름이 유래하였다. 그것이 한자로는 '태평太平한 큰 바다洋'로 번역되었다. 힘든 항해를 마친 그때의 마젤란으로서는 눈앞에 펼쳐진 태평양이 평화로운 바다로 보였겠지만, 과학자들은 결코 평화롭거나 잔잔한 바다가 아니라고 말한다. 거친 바다라는 표현이 더 적절하다고 덧붙인다.

지금은 태평양이라는 바다 이름을 모두 사용하고 있지만, 태평양은 대양大洋. Grand Ocean 또는 동양Oriental Ocean, Eastern Ocean이라고 불렸던 적이 있는데 이는 태평양이라는 너무나도 큰 바다를 제대로 모르는 상태에서 붙인 이름이다. 처음 태평양으로 나온 유럽 사람들은 대서양에서 남쪽으로 내려가서 남아메리카대륙을 지나야 태평양에 도착할 수 있어서 남쪽 바다Mer de Sud 등라고 하였다. 이에 대해 대서양은 북쪽 바다Mer de Nort 등라고 하였다. 옛날 지도를 보다 보면 태평양과 대서양이 모두 보이는 세계 지도에서 Mer de Sud, Mer de Nort 같은 표현을 볼 수 있다. 이때 남쪽 바다는 태평양이고, 북쪽 바다는 대서양이다. 그러나 대서양을 기준으로 본다면 대동양이 보다 체계적인 바다 이름이 된다. 앞에서 이미 설명하였지만 인도양을 기준으로 대서양, 대동양이 되어야 방향만 파악한다면 이해하기도 쉽다.

거리 때문인지 우리로서는 대서양보다는 태평양Pacific Ocean이 좀 더 친근한 느낌이 든다. 태평양은 우리 앞바다이자 세계에서 가장 큰 바다이다. 앞에서 살펴본 인도양에서 태평양으로 넘어가려고 하면 앞을 막아서는 섬들이 많다. 소속은 태평양이지만 인도양과 태평양을 갈라놓는, 복잡하게 얽힌 수많은 섬과 이들 섬을 품고 있는 바다들이다. 태국, 베트남, 말레이시아, 싱가포르, 인도네시아, 필리핀, 파푸아뉴기니, 티모르와 오스트레일리아^{호주} 등에 소속되어 있는 이들 섬과 바다들은, 많은 국가만큼이나 복잡한 해안선과 다양한 형태의 바다를 이룬다.

오세아니아는 세계 역사에 뒤늦게 등장하여 크게 주목받

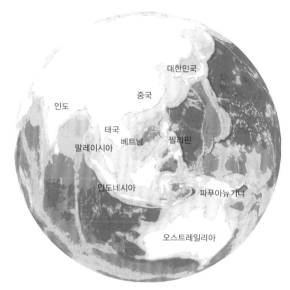

인도양과 태평양을 가르는 바다와 섬들

지는 못하였지만, 오스트레일리아를 뺀 나머지 지역은 '바다의 실크로드'라는 바닷길로 자주 등장한다. 특히 '동인도' 혹은 '향료제도Spicy Islands'라는 이름으로 유럽 사람들이 아시아를 침략하여 식민지를 개척하는 과정에서 많이 나온다.

안다만해

인도양에 있는 벵골만의 동쪽으로 이어지는 바다가 안

다만해Andaman Sea이다. 안다만이라는 이름은 이 바다에 떠 있는 섬들을 이르는 안다만제도에서 최근까지도 오랫동안 고립되어 살아온 원주민 안다만 족Andamanese People의 이름에서 따왔다. 이 바다와 접하고 있는 미얀마옛 이름 버마의 영향으로 한때 버마해Burma Sea라고 불렸던 적도 있다. 안다만해는 인도의 안다만제도와 미얀마, 태국, 말레이시아, 인도네시아에 둘러싸인 바다로, 이 바다부터 동남아시아가 시작된다. 옛날에는 오스트레일리아처럼 죄수들을 유배시키는 곳이었다고 한다. 역시 바다는 격리시키는 것이 전공인가 보다. 지금은 그들의 후손이 정착해서 살고 있다고 하는데, 2006년에 발생한 인도양의 거대한 지진해일쓰나미로 수많은 사람이 희생되는 슬픈 일이 있었던 곳이다.

타이만

안다만해에서 바닷길로는 믈라카해협으로 돌아가야 해서 멀지만 육지인 말레이반도를 통하면 아주 가까운 바다가 타이만Gulf of Thailand이다. 태국의 옛날 왕국인 시암Siam에서 이름을 따와 시암만Gulf of Siam이라고 불렀는데 나라 이름을 타이태국로 바꾸면서 바다 이름도 자연스럽게 바뀌었다. 옛날 지도는 물론 현재도 간혹 시암만으로 표기되어 있는 경우가 있다. 여하튼 타이만은 나라 이름에서 유래한 바다 이름을 가졌다.

믈라카해협

말레이시아 육로가 아니라 바닷길을 이용해 안다만해에서 타이만으로 가려면 믈라카해협Sela Melaka을 지나야 한다. 안다만해에서 남쪽으로 항해하다 보면 제일 먼저 만나게 되는 해협으로, 영어 표기인 말라카해협Straits of Malacca 대신 지금은 현지의 발음말레이어, 인도네시아어을 살려 믈라카해협이라 표기하고 발음한다. '믈라카'는 버찌와 비슷한 열매를 맺는 믈라카 나무Phyllanthus emblica, 인도 gooseberry, amalika에서 이름이 유래되었다.

사람이 만든 수에즈운하, 파나마운하와 더불어 세계에서 가장 중요한 3대 항로로 꼽히는 믈라카해협은 인도양과 태평양을 잇는다. 가장 좁은 곳의 폭은 거리가 3킬로미터도 안 된다고 하니 우리나라 한강의 폭이 1킬로미터 이상인 것을 생각하면 바닷길로는 매우 좁다는 것을 알 수 있다. 세계 3대 항로라고는 하지만, 역사적으로나 자연적으로나 세계에서 가장 중요하고 유명한 해협은 믈라카해협이라 할 수 있다. 인도양을 중심으로 하는 동양과 서양의 교역에서 믈라카해협을 빼놓을 수 없으며, 지금도 중동의 원유 수송이 믈라카해협을 통과하고 있다면 그 중요성은 새삼 설명할 필요가 없을 것이다.

믈라카해협을 지나는 선박이 쉬어가는 싱가포르Singapore말레이어 Singapura는 사자의 도시Lion City라는 뜻을 가진 섬나라이자 도시국가이다. 이 지역에 살지 않는 사자를 이름에 붙인 것은 아마도 사자와 같은 맹수인 호랑이를 잘못 본 것으로 생각된다. 이 싱가포르의 싱가포르항1819년 영국의 동인도회사가 개발이 해협 끝 부분에 있다. 아시아에서 비교적 부유한 나라인 싱가포르가 믈라카해협 말단 부분에 위치하고 있어 믈라카해협이 싱가포르 앞에 있다고 혼동하는 사람도 있다. 싱가포르의 끝 부분에 있기는 하지만 싱가포르는 해협의 아주 일부를 차지할 뿐이다. 말레이반도와 떨어져 있는 섬나라 싱가포르는 남쪽이 싱가포르해협이고, 북쪽으로는 조호르수로Johore waterway라는 좁은 수로가 있는데 이 지역을 통치한 술탄의 이름에서 유래하였다고 한다. 믈라카해협은 말레이반도와 인도네시아의 수마트라섬 사이에 있다.

자와해

플라카해협을 지나 큰 섬 수마트라와 보르네오를 따라 내려가면 자바섬이 있다. 자바섬은 화석 인류인 자바원인 Java原人이 발견된 곳으로 세상에 널리 알려졌으며, 이곳에 사는 자바 족Javanese에서 그 이름이 유래되었다. 이곳 역시 현지 발음을 인정하는 추세에 따라 자바Java라는 영어식 표기보다 인도네시아어인 자와Jawa로 표기하는 경우가 많다. 자바섬의 북쪽 앞바다가 자바해Java Sea, 아니 자와해Jawa Sea이다.

예외가 없는 것은 아니지만 대부분 큰 섬들은 앞바다에 자신의 이름을 달아 준다. 바다와 섬의 이름이 같아 짝을 이루기 때문에 위치를 확인하는 데도 도움이 된다. 자와섬의 북쪽 바다가 자와해, 보르네오섬의 북쪽 바다는 보르네오해하는 식이다. 현지의 인도네시아어로는 보르네오섬을 칼리만탄섬이라고도 부르기 때문에 대부분 말레이시아가 차지하는 이 바다를 칼리만탄해라고도 불러왔다. 그러나 지금의 보르네오해는 중국의 위세에 밀려 남중국해난하이에 속한 바다로 취급되며 남중국해로 널리 불리고 있다. 우리나라 학생들이 교과서로 보는 지도에는 아직 보르네오섬과 보르네오해가 명확하게 표시되어 있다. 가구하면 나무이고, 나무

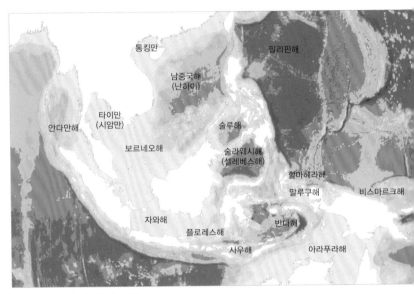

통킹만

필리핀해

남중국해
(난하이)

타이만
(시암만)

안다만해

술루해

보르네오해

술라웨시해
(셀레베스해)

할마헤라해

말루쿠해

비스마르크해

자와해

반다해

플로레스해

사우해

아라푸라해

보르네오해 주변의 바다들

하면 보르네오섬으로 여겨지던 시대의 흔적이 아직도 남아
있는 것이다.

자와해가 있는 주변 지역은 워낙 섬이 많아서 여러 개
의 섬을 그룹으로 묶어 이름을 붙여 부른다. 이 지역뿐 아니
라 흔히 섬이 많을 경우, 일일이 열거하는 불편을 없애고 부
르기 편하도록 하나의 그룹으로 묶어서 여러 개의 섬이 가
지런히 늘어서 있다는 의미의 '열도列島', 섬들이 모여 무리를

이루고 있다는 뜻의 '군도群島', 일정한 범위의 해역에 흩어져 있는 모든 섬을 의미하는 '제도諸島'와 같은 단어를 붙여 부른다. 사실 군도와 제도는 구분이 애매하기는 하다.

여하튼 자와해에는 우리나라의 국민 간식 순대와 발음이 비슷하여 정감이 가는 순다열도Sunda Islands가 있다. 순다열도에는 큰 섬들이 모여 있는 대순다열도Greater Sunda Islands와 작은 섬으로 된 소순다열도Lesser Sunda Islands가 있다. 대순다열도는 수마트라·보르네오·술라웨시·자와 섬이 속해 있고, 소순다열도에는 발리·롬복·숨바와·코모도·플로레스·숨바·티모르 섬 등이 있다. 순다Sundar는 인도의 고어인 산스크리트어로 '좋은, 멋진, 아름다운'이라는 뜻이고, 또 다른 순다Sunda는 '깨끗하고, 빛나고, 환하고, 하얀'이란 의미로 한마디로 표현하면 좋다는 뜻인 것 같다. 어느 것이 먼저인지는 모르겠지만 이 지역의 원주민 순다 족Sundanese과도 관련이 있을 것이다.

술라웨시해

대순다열도에 속한 보르네오섬과 술라웨시섬의 각각 동쪽과 북쪽에 위치한 바다를 술라웨시해Sulawesi Sea라고 한

다. 전에는 셀레베스해Celebes Sea라고 표기하고 불렸지만 지
금은 인도네시아어인 술라웨시해Laut Sulawesi라고 쓰고 읽는
다. 지명과 인명 등을 현지에서 원래 쓰고 발음하는 식으로
표기하는 추세는 바람직하다고 생각한다. 1512년에 유럽 사
람으로는 처음 이 섬에 도착한 포르투갈 사람이 술라웨시를
자신들 방식으로 발음하여 셀레베스가 되었다고 한다. 명백
한 와전이었다. 술라웨시의 술라sula는 섬이고, 베시besi는 철
iron이란 뜻으로, 철이 풍부한 섬이라는 의미이다. 섬 이름은
이 섬에 있는 마타노호수Lake Matano인도네시아어 Danau Matano 근
처의 철광석 산지에서 생산되는 풍부한 철광석을 교역했던
역사적 사실과 관련 있어 보인다.

　　이 술라웨시해와 북쪽으로 이어진 바다는 보르네오섬
과 필리핀 사이에 있는 술루해Sulu Sea이다. 이 지역을 통치
한 술탄Sulu Dar al Islam의 이름에서 따왔다고도 하고, 이 바다
와 접하고 있는 필리핀에 사는 술루 족으로부터 유래하였다
고도 한다. 술루해의 남쪽 경계는 술루제도Sulu Archipelago가
만들어 준다.

순다열도의 바다

자와해와 술라웨시해를 설명하다 보니 보르네오섬을 중심으로 이 해역을 한 바퀴 돌았다. 바다와 바다 사이를 연결하는 해협 설명만 빼놓고……. 여기에는 보르네오해(또는 남중국해)와 자와해를 잇는 카리마타해협Karimata Strait과, 자와해와 술라웨시해를 연결하는 마카사르해협Makassar Strait이 있다. 이곳의 섬이나 바다 이름은 섬에 살고 있는 민족의 이름에서 유래하는 경우가 많다. 마카사르해협은 마카사르 족 Makassarese에서 유래되었으며, 마카사르는 동인도네시아 교역의 중심 도시 이름이기도 하다.

마카사르해협 아래, 즉 남쪽으로는 작은 섬들이 올망졸망 모여 있는 소순다열도와 그 섬들을 품은 아기자기한 바다가 기다리고 있다. 이 바다와 섬들이 속하는 나라는 인도네시아이다. '네시아nesia'는 그리스어로 여러 개의 섬, 즉 섬들islands이란 뜻이다. 아시아에 대한 정보라고는 인도 정도뿐이었던 해외 식민지 개척 시기의 유럽 사람들로서는 인도를 지나자 눈앞에 펼쳐지는 수없이 많은 섬들이 그저 인도의 다도해쯤으로 여겨졌을 것이다. 그렇게 인도Indo의 섬들nesia, 인도네시아가 되었다. 네시아라는 단어가 나온 김에 참고로 살펴보면, 멜라네시아Melanesia는 검은 피부mela의 사람들이 있는 섬이고, 폴리네시아Polynesia는 섬이 많다poly는 의미이며, 미크로네시아Micronesia는 작은micro 섬을 뜻한다. 의미는 다르지만 땅을 의미하는 접미사 –이아-ia가 붙는 지명도 많다. 말레이시아는 말레이 족의 땅이란 뜻에서 붙여진 이름이다. 오세아니아를 대양주라고도 하는데, 이는 대양ocean과 섬땅을 의미하는 접미사-ia가 합쳐진 것이다. 이외에 대륙의 의미를 가진 아시아Asia, 러시아Russia, 유라시아Eurasia 등에서도 '–ia' 형태를 볼 수 있다. 이 역시 라틴어 문법의 영향이다.

플로레스해

자와해에서 남서쪽으로 가면 크기는 작지만 휴양지로 유명한 발리섬이 있다. 발리라는 이름은 이곳에 사는 발리족Balinese에서 유래되었다. 발리섬의 북쪽 바다는 발리해Bali Sea이고, 옆의 롬복섬과 플로레스섬에서는 북쪽이고 술라웨시섬으로는 남쪽에 플로레스해Flores Sea가 있다. 플로레스는 포르투갈어로 '꽃'이라는 의미로, 이곳을 거쳐 지나간 포르투갈 사람들에게는 무척이나 아름다운 바다로 여겨졌나 보다.

플로레스섬 남쪽에는 사우해Sawu Sea^{자바를 자와로 발음하듯} ^{현지 발음에 따라 사부가 아니라 사우로 발음}가 있는데, 플로레스 · 숨바 · 티모르 섬에 둘러싸여 있어 바다의 형태가 역삼각형이다. 술라웨시섬을 따라 서쪽으로 더 가면 넓게 펼쳐지는 반다해 Banda Sea가 맞는다. 말루쿠제도Maluku Islands가 있는 반다해 는 항구, 안식처^{haven}라는 뜻의 페르시아어 반다르^{Bandar}에서 유래된 것으로 추정한다. 인도네시아의 반다아체Banda Aceh ^{수마트라섬 아체주의 주도}가 이름의 유래가 같은 도시이다. 말루쿠 제도는 역사적으로 유럽과 중국에 향신료가 산출되는 향료 제도Spicy Islands로 알려졌으며, 이는 주변의 다른 섬들도 다 르지 않다. 말루쿠는 아랍어로 '왕들의 섬^{Jazirat al-Muluk}'에서 유래하였다고 한다.

반다해 남쪽으로는 티모르 섬이 있으며 그 남쪽 바다가 티모르해Timor Sea이다. 티모르는 인도네시아의 동쪽 끝에 있 다. 이름에 동쪽이라는 의미의 티모르가 붙었으니 티모르해 는 동쪽 바다, 동해이다. 동쪽은 해가 뜨는 방향이란 의미 이 상의 더 큰 생명 창조의 태동이라는 의미를 가지고 있어서 사람 이름에도 많이 쓰인다. 필자가 나온 고등학교도 동쪽의 별이라는 의미 이상의 뜻을 가진 '동성^{東星}'이다. 최근 인도네시아에서 독립한 '동티모르'는 뜻만 살펴보면 동–동이 된다. 지금은 동서로 나뉘어져 있지만 티모르는 멜라네시아 인종에 해당하는 티모르 인Timorese에서 이름이 유래되었다.

아라푸라해

티모르섬을 지나 동쪽으로 나아가면 파푸아뉴기니를 품고 있는 뉴기니섬을 만나게 된다. 뉴기니섬과 오스트레일리아 대륙호주 대륙 사이에 아라푸라해Arafura Sea가 있다. 아라푸라해라는 이름은 포르투갈어 '자유로운 사람Alfours'에서 따온 것으로 알려져 왔으나, 지금은 말루쿠 족이 스스로를 지칭하는 '산의 아이들'이라는 뜻의 '아라포라스haraforas'라는 원주민 말에서 유래하였다는 연구 보고의 주장을 따르고 있다.

뉴기니섬의 기니Guinea는 아프리카 북쪽에서 오랫동안 살아온 베르베르 족Berber의 말로 '흑인들의 땅'을 의미한다. 아프리카의 기니, 기니비사우, 적도기니 등도 같은 뜻이다. 여기에 새롭다는 뜻의 뉴new가 붙어 새로운 흑인의 땅이 뉴기니이다. 참고로 파푸아는 그곳에 사는 원주민의 머리 모양을 가리키는 것으로, 짧은 머리카락고수머리, 짧은 곱슬머리이라는 뜻의 말레이어이다.

비스마르크해와 솔로몬해

파푸아뉴기니의 북쪽에 비스마르크해Bismarck Sea, 서남쪽에 솔로몬해Solomon Sea가 있다. 둘 다 사람 이름에서 따왔다는 것을 누구나 알 정도로 유명한 사람들이다. 지혜로운 왕 솔로몬의 이름을 빌린 것은 바다보다 섬이 먼저였다. 바다의 동쪽 경계를 이루는 섬들에 먼저 솔로몬제도라는 이름을 붙였고, 그 이름을 바다가 다시 따온 것이다. 1568년 유럽 사람으로는 처음 페루를 출발하여 이곳에 도착한 스페인 항해가 멘다냐Alvaro de Mendana de Neira가 솔로몬제도Islas Salomon라고 이름을 붙였다.

비스마르크해는 독일의 철혈재상 비스마르크Chancellor Otto von Bismark의 이름을 빌려 왔다. 지금의 비스마르크제도 Bismark Islands를 처음 방문한 유럽 사람은 1616년 네덜란드 항해가 스하우텐Willem Schouten이지만 그 후로도 오랫동안 관심이 없다가 1884년에 독일이 점령하면서 자국의 재상 이름을 붙였다. 스하우텐은 비스마르크해에서 뉴기니섬의 북쪽 경계에 있는 섬들에 스하우텐제도Schouten Islands; Biak Islands 라고 자기 이름을 붙일 만큼 이곳에 만족하였나 보다. 그러나 지도에서는 찾아볼 수 없다. 뉴기니섬은 반으로 나누어져 동쪽은 인도네시아^{이리안 자야}, 서쪽은 파푸아뉴기니이다. 솔로몬해와 비스마르크해의 경계에는 새로운 영국New Britain, 새로운 아일랜드New Ireland라는 이름을 가진 섬이 있다.

말루쿠해

반다해로 돌아가서 북쪽으로 올라가면 스람해Seram Sea 또는 Ceram Sea와 말루쿠해Maluku Sea; Molucca Sea가 있다. 그 사이에 있는 할마헤라섬의 남쪽에는 왠지 할 말이 있으면 참지 말고 말하라는 '할 말이 있으면 해라, 해.' 하고 다그치는 듯한 우리나라 어느 지방 사투리 같은 느낌이 드는 할마헤라해Halmahera Sea가 있다. 말루쿠해는 그 지역에 살고 있는 말루쿠 족Moluccans에서 유래하였고, 스람해는 말루쿠 족이 어머니의 섬으로 여기는 스람섬에서 유래되었다.

통킹만

지금 여행하는 지역과 거리가 좀 떨어져 있지만 베트남의 작지만 유명한 만灣 하나만 들렸다 가 보자. 베트남은 이제 한자를 쓰지 않고 베트남어를 공용어로 사용하고 있지만 한자를 사용했던 흔적은 여러 곳에서 찾아볼 수 있다. 예를 들어 전에는 베트남을 월남越南이라고도 불렀는데, 이를 베트남어 식으로 읽으면 '비에트남'이 된다. 지금 찾아가는 통킹만Gulf of Tonking을 한자로 쓰면 동경만東京灣이고, 이를 베트남어 식으로 읽으면 통킹빈이 된다.

아시아의 고대 역사를 담은 지도를 보면 서울京 또는 上京과 동경이 없는 나라가 없다. 나라마다 발음만 다를 뿐이다. 우리나라 고려의 경주가 동경東京이었고, 발해에도 동경東京이 있었다. 일본은 도쿄東京, 중국에도 난징南京이나 베이징北京보다는 덜 유명하지만 뚱징東京이 있다. 왠지 무엇인가를 공유한다는 유대감과 더불어 한층 가까워지는 느낌이 들어서 휘돌아와 보았다.

필리핀해

남중국해에서 타이완臺灣 남쪽 바다를 건너면 필리핀해 Philippine Sea가 나온다. 바닷속의 깊게 갈라진 틈海淵을 볼 수 있다면 필리핀해의 경계를 알 수 있어 태평양에 포함될 것만 같은 바다를 필리핀해라고 별도로 구분한 이유가 이해된다. 태평양의 명성에 가려 바다 이름을 별도로 표기하지 않

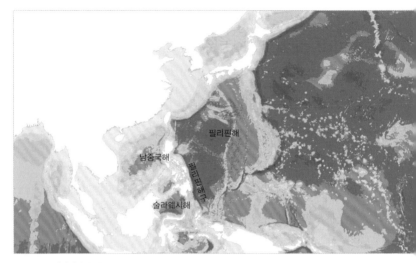

필리핀해의 위치

는 지도도 많지만 바닷속을 아는 사람은 중요하게 생각하는 바다이다.

　필리핀이라는 나라 이름에서 이름을 따왔다는 것은 누구나 알 수 있는데, 그렇다면 '필리핀'의 유래는 무엇일까? 스페인의 펠리페 2세Felipe II의 이름이다. 스페인의 항해가 로페즈Ruy López de Villalobos가 1512년에 필리핀제도의 레이테 Leyte와 사마르Samar 섬에 붙인 펠리피나스Felipinas, Las Islas Filipinas가 필리핀 전체를 총칭하는 단어로 굳어진 것이다.

아시아를 인도의 동쪽으로 여겼던 시절이 있었다. 그
무렵 유럽 국가들이 이곳에 상업 전진기지상관로 세운 회사
가 그 유명한 동인도회사이다. 서양 제국주의를 대표하는
동인도회사로는 영국의 동인도회사와 네덜란드의 동인도회
사 등이 있었다. 인도양과 태평양의 경계는 국제수로기구
IHO가 정한 기준으로는 선 하나이지만, 실제로는 동남아시
아와 오스트레일리아를 연결하는 바다이다. 두 해역이 또
다른 바다로 구분되는 것이므로 선이 아니라 면을 가진 벨
트로 구분해야 된다.

정말 큰 태평양인지라 우리나라를 포함하는 극동아시아
의 바다를 거쳐 북태평양을 먼저 여행하기로 하자. 북태평

양은 적도를 기준으로 태평양의 북쪽바다인데, 워낙 큰 태평양인지라 이를 다시 동서로 나누어 아시아 쪽의 북서태평양, 북아메리카대륙 쪽의 북동태평양으로 구분하기도 한다.

중국해

넓은 땅덩어리를 가진 중국의 남동쪽으로 바다가 있다. 워낙 역사가 깊은 나라라 옛날에는 어떻게 불렸는지 궁금하여 옛날 지도를 뒤져 보니 대명해大明海, 대청해大淸海라고 씌어 있었다. 그렇다면 지금은 중국해China Sea라 부르는 것이 타당하고, 바다의 동쪽은 동중국해, 남쪽은 남중국해가 적

하와이섬에서 바라본 망망대해 태평양의 깊고 푸른 바다

절하다. 그런데 중국에서는 동중국해를 나라의 동쪽에 있다고 해서 뚱하이東海라고도 부른다.

어느 고지도에서 중국 청나라의 바다라는 뜻에서 대청해大淸海로 표기한 것을 번역한 듯 'Blue Sea'라고 표기되어 있는 것을 본 적이 있다. 아마도 청나라의 '맑을 청淸'을 '푸를 청靑'으로 오인한 듯했다. 하긴 청나라를 뜻하는 '맑을 청'도 영어로 직역하면 해양 환경을 연구하는 연구자들이 꿈꾸는 맑고 깨끗한 바다 'clean sea'가 된다. 과유불급過猶不及, 지나침은 미치지 못함만 못 하다고 했다. 과도한 번역보다는 '칭하이' 정도로 현지 발음으로 표현하는 것이 좋겠다는 생각이 든다. 필자가 근무하는 한국해양과학기술원이 있는 안산安山을 'Ansan'이라고 적으면 될 텐데 군이 'Comfortable Mountain'이라고 쓰는 꼴이다. 바다 이름의 어원을 찾다보니 어느 선까지 설명해야 할지 그 깊이를 결정하기가 곤란해 어려움을 겪다 문득 든 생각이다.

북쪽 바다, 발해와 홋카이도

동중국해의 끝이자 우리나라 황해의 가장 안쪽 북서쪽에 보하이해渤海가 있다. 보하이만을 품고 있는 보하이해는

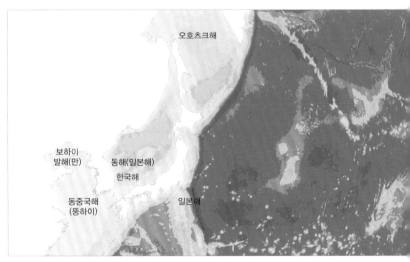

중국해 주변의 바다

안개가 자욱한 바다 이름 발渤자를 쓴다. 바다 이름이 우리에게는 역사 속 고대국가 '발해'와 같다 보니 나라 '발해'를 떠올리게 하지만, 중국에서는 북쪽 바다라는 뜻에서 그냥 북해北海라고 사용하였다고 한다.

조선시대의 학자 유득공이 쓴 『발해고』라는 역사책을 보면 발해는 원래 지명으로 사용한 명칭이고, 발해를 건국한 대조영은 나라 이름을 '대진大震'이라고 하였으나 중국의 당나라가 제후국으로 간주하여 발해왕이라고 명명함으로써 발해가 되었다고 한다. 대조영이 발해 지역 출신이라고 자기들 멋대로 봉해 버린 것이었다. 오랜 세월이 흘렀음에도 후손인 우리는 그 발해에 익숙해져 있다.

　보통 지명에 방향성을 나타내는 단어가 들어갈 경우에는 한 나라만을 기준으로 한다면 편하지만 인접해 있는 나라들로서는 불편하기 짝이 없는 이름이다. 예를 들어 '동해'와 '일본해' 표기를 놓고 일본과 다투고 있는 동해는 우리에게는 동쪽 바다이지만 일본 입장에서 보면 북쪽 바다北海, 홋카이'이다. 그 흔적은 일본 북쪽에 있는 섬 홋카이도北海道에 남아 있다. 역사적 과정이 있기는 하지만 보통 일본해日本海라고 하면 일본의 남쪽에 있는 태평양 연안을 말하며, 그보다 더 남쪽의 바다南洋는 큰 바다 태평양이다.

　이때의 남양南洋은 남극해를 의미하는 남빙양South Pole Ocean과는 아무런 관계가 없다. 그저 일본의 남쪽에 있는 바다라는 뜻일 뿐이다. 이 책을 읽고 있는 청소년 여러분의 할머니, 할아버지는 '남양진주'를 잘 아실 것이다. 남양에서 생산되는 진주는 크기가 크고 광택이 좋으며 품질이 우수해 유명했기 때문이다. 이때 말하는 남양은 적도 이남의 남양이 아니라 그저 일본의 남쪽 바다이다.

오호츠크해

우리나라 동해에서 북동 방향으로 나아가면 오호츠크해 Sea of Okhotsk가 나온다. 발음만으로도 이름의 유래가 러시아어인 것을 알 수 있다. 시베리아 탐험대가 자리를 잡으면서 형성된, 큰 하천에 자리 잡은 도시라는 뜻을 가진 오호츠크라는 바닷가 도시에서 그 이름이 유래되었다. 동해와 오호츠크해를 연결하는 해협은 타타르해협Tartary Strait이다. 아무르강이 바다로 유입되는 곳이라 그 명성에 힘입어 아무르해Mer de Amour라고 불리기도 했고, 주변에 있는 사할린섬과 캄차카반도의 영향으로 사할린Sakahalin해, 캄차카해Mer de Kamczatka라고도 불렸다. 오래 전의 어떤 지도는 베링해를 캄차카해로 잘못 표기해 놓은 것도 본 적 있는데, 그때까지는 한국을 포함한 극동아시아, 만주, 시베리아와 알래스카 지방이 미지의 영역이다 보니 실제와 크게 차이 나는 일도 흔했다. 오호츠크해의 또 다른 표기는 라마해Mer de Lama이다. 오호츠크의 옛 이름이 퉁구스카, 라마, 캄차카이다 보니 붙은 이름이다.

오호츠크해의 남쪽 경계는 캄차카반도와 일본 홋카이도를 연결하는 듯한 쿠릴열도Kuril Islands이다. 쿠릴은 이곳에 사는 원주민 아이누 족Ainu의 '사람'을 의미하는 말 'kur'에서 유래하였다고 한다. 그러나 이곳에 처음 도착했던 러시아 사람들이 근처 화산에서 뿜어 나오는 수증기와 열기를 보고 '연기가 나는smoke'이란 뜻의 러시아어 'kurit'라고 표기한 데서 유래하였다는 주장도 있다. 일본에서는 1,000개의 섬이 줄지어 늘어서 있다는 의미로 '치시마열도千島列島'라고 한다. 쿠릴열도는 원주민인 아이누 족의 의사와는 상관없이, 19세기에 일본이 사할린을 러시아에 내주고 그 소유를 인정받은 곳이다. 그러나 1945년 이후 다시 러시아 영토가 되었다. 원래 자국의 영토였던 것을 빼앗기는 속 쓰린 마음을 다른 나라와도 공유하였으면 한다.

베링해

오호츠크해에서 캄차카반도를 남쪽으로 돌면 북동 방향으로 베링해Bering Sea가 있다. 태평양의 북쪽 끝에 있는 바다로, 베링해협을 거쳐 북쪽으로 올라가면 북빙양에 도달할 수 있다. 바다 이름이 워낙 유명하여 설마 사람 이름일까 했는데 사람 이름이 맞았다. 러시아 표트르 대제의 명령으로 시베리아를 횡단하여 알래스카까지 탐험한 덴마크 탐험대

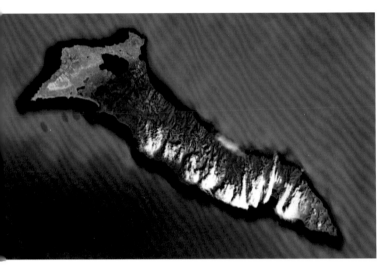

하늘에서 본 베링섬 날아다니는 박쥐 같기도 하고 배트맨 생각도 난다.

장 베링Vitus Jonassen Bering의 이름이었다. 베링이 시베리아 탐험을 떠나고 얼마 되지 않아 대제가 세상을 떠나는 바람에 탐험대에 대한 지원이 중단되었다. 탐험 도중 베링도 1741년에 죽었지만 그를 기념하여 바다와 해협, 섬에 그 이름을 붙여 베링해, 베링해협Bering Strait, 베링섬Bering Island이 되었다. 베링섬은 캄차카반도 근처의 작은 섬인데 그 모양이 마치 날아다니는 박쥐 같다.

베링해의 남쪽 경계는 알류샨열도Aleutian Islands이

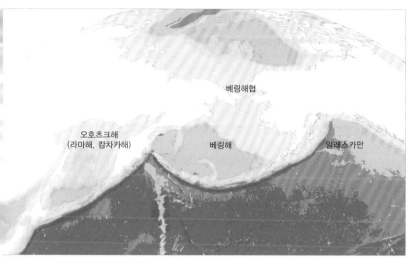

베링해와 알래스카만 주변

다. 알류샨열도는 이곳 원주민 알류트 족Aleut의 이름에서 유래하였다. 베링해협은 북빙양으로 가는 길목에 위치하고 있기 때문에 북쪽수로Canal de Nord라고 불리기도 하였다.

알래스카만

알류샨열도와 그 위의 알래스카반도 사이를 지나면 알래스카만이 있다. 알래스카가 워낙 크다 보니 알래스카만도 탁 트인 바다 같다. 광대한 해역으로 유명한 아프리카의 기니만Gulf of Guinea에 버금간다. 알래스카는 러시아가 미국에 헐값에 팔아넘겨 더 유명해진 곳이다. 당시 미국으로서는 쓸데없는 땅을 샀다는 비난을 받았다고 한다. 러시아가 전쟁흑해의 크림반도에서의 전쟁 비용을 마련하기 위하여 1867년 700만 달러 정도를 받고 미국에 넘겼는데 지금의 가치로 환산하면 1억 달러가 넘는다. 우리나라 화폐로는 1,000억 원쯤된다. 숫자의 단위가 크기는 하지만 알래스카가 품고 있는 자원 등 그 잠재력을 감안한다면 미국이 횡재한 셈이다.

지도에서 알래스카를 보면 커다란 코끼리 머리처럼 보인다. 조각난 상아같이 생긴 알류샨열도에 사는 알류트 족의 말로 알래스카alaxsxaq는 '본토' 또는 '거대한 땅great land'이라는 뜻이란다.

캘리포니아만

이제 태평양에서 여행할 바다는 희귀 동식물도 많고 해양 레저 스포츠의 천국으로도 유명한 미국의 캘리포니아만 Gulf of California이다. 우리에게도 익숙한 샌프란시스코, 로스앤젤레스가 있는 캘리포니아주에 속하는 캘리포니아반도 옆에 있어서 이름은 당연히 캘리포니아에서 유래하였다.

캘리포니아라는 말의 어원에 관한 주장은 다양하다. 그 중 가장 일반적으로 받아들여지는 것은 재미있는 전설을 포함하고 있다. 검은 아마존의 여전사들로 이루어진 전설의 낙원을 통치하던 여왕Calafia의 이름에서 따왔다는 것인데, 이 여왕의 이야기는 스페인 작가가 모험소설로도 썼다고 한다. 그러나 그 이전부터 이곳에 사는 인디언이 '높은 산들이 있는 곳high mountains'이라는 의미를 지닌 캘리포니아kali forno라고 불렀다고도 하고, 아랍의 종교 지도자를 뜻하는 칼리파califa에서 유래하였다는 주장도 있다.

캘리포니아만은 어원의 다양함만큼이나 별명도 많다. 아즈텍 제국을 붕괴시키고 아메리카대륙에 처음으로 스페인 식민지를 세운 스페인의 탐험대장 코르테즈Hernán Cortés의 이름을 따서 코르테즈해Sea of Cortez라고도 하고, 자주색 바다라는 뜻으로 버밀리언해Vermilion Sea Mar Bermejo 스페인어라고도 한다. 보라색과 빨간색의 중간색인 자주색을 이름에 붙인 것은 바다의 색이 그렇게 보이기 때문일 것이라 생각하겠지만, 여기서는 캘리포니아의 뉴알마덴스페인의 알마덴에서 유래에서 채취한 수은 광석HgS이 띠는 색깔에서 유래한 것이다. 모처럼 색깔을 띠는 바다 이름이 나왔지만 홍해와는 유래가 다른 듯하다.

남태평양

남태평양은 적도를 기준으로 나눈 태평양의 남쪽 바다
이지만, 태평양은 워낙 커서 남태평양마저 남아메리카대륙
쪽_{남동태평양}과 오스트레일리아 쪽으로 나눌 수 있다. 남태평
양에 포함되는 바다를 살펴보면 비교적 해안선이 단순하여
대륙 연안으로만 이름 있는 바다가 한정된다. 우리로서는
멀게만 느껴지는 남아메리카 연안부터 살펴보자.

마젤란해협
지구가 둥글다는 사실을 증명하기 위해 세계 일주에 나
선 마젤란이 남아메리카대륙 남쪽의 험한 해협을 힘들게 건
너니 너무나도 평화롭고 넓은 대양이 나타나 '태평양'이라

이름 붙였다고 한다. 그때 마젤란이 지난 험한 해협이 지금의 마젤란해협으로, 남아메리카대륙과 남극대륙 사이가 아니라 남아메리카대륙 끝과, 불을 뿜어내는 땅이란 뜻의 티에라델푸에고Tierra del Fuego라는 섬 사이에 있는 아주 좁은 해협이다. 사실 마젤란의 세계 일주라는 업적에 비하면 이 해협에 그 이름을 붙이는 것은 작은 명예에 불과한 듯하다. 알다시피 마젤란은 세계 일주라는 큰 일을 끝까지 동료들과 함께하지 못하고 도중에 필리핀에서 원주민과 싸우다가 죽지만, 자신이 이끌던 함대가 어렵게 세계 일주를 성공하였으므로 그 이름이 후세에 전해지고 있다. 마젤란의 세계 일주 항해는 피가페타Antonio Pigafetta가 『최초의 세계 일주』라는 제목으로 출간하였다. 세계 일주를 하는 경우 지구를 도는 방향에 따라 하루가 생기기도 하고, 하루가 없어지기도 하는 당연하면서도 잊어버리기 쉬운 현상을 소재로 쓰여진 『80일간의 세계 일주』의 한 장면을 떠올리게 하는 매우 흥미진진한 책이니 꼭 읽어 보길 권한다.

앞에서 이야기한 남극과 남아메리카 대륙의 티에라델푸에고 사이의 해협은 해적이었지만 영국에서는 군인이 되어 영웅 대접을 받는 드레이크Francis Drake의 이름을 따서 드레이

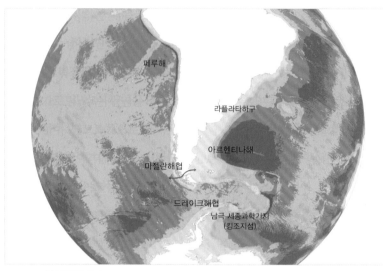

페루 주변의 바다

크해협Drake Passage이라고 한다. 옛날에는 거친 해협임에도 탐험과 교역이 목적인 선박이 많이 오갔지만, 파나마운하의 개통으로 지금은 아주 한산한 바다가 되었다. 거기에 춥기까지 하니 사람과 선박의 발길이 뜸할 수밖에. 그러나 가까운 곳칠레 남쪽 끝 푼타아레나스에 한국해양과학기술원 부설 극지연구소의 칠레 기지가 있고, 남극의 세종과학기지도 지도상에서 눈에 들어오니 실제 거리는 멀어도 마음으로는 크게 멀어 보이지 않는 바다이다.

페루해

페루 앞바다는 페루해Mare Peruvian라고 부르기도 하고 그냥 태평양이라고도 한다. 사실 정말 큰 태평양이라 태평양보다 작은 바다 이름은 복잡한 해안선이나 섬으로부터 나오기도 한다. 그러나 바다 크기에 비하여 섬의 개수는 많지만 크기가 매우 작고, 남아메리카대륙의 해안선마저 단조로워 자기 이름이 붙은 바다는 거의 없다. 페루 앞바다가 페루해로 불린 적이 있다는 정도이다.

남태평양의 섬들과 그 앞바다

바다 이름 이야기를 하다가 갑자기 섬이 등장하는 데는 다 이유가 있다. 태평양의 섬은 남태평양에 많이 자리 잡고 있다. 사실 엄밀히 말하면 적도를 기준으로 나눈 남태평양에만 섬이 있는 것이 아니라, 태평양 지도를 펼쳐 놓고 보면 약간 남동쪽으로 치우친 감은 있지만 태평양 한복판에 섬들이 무리 지어 있다는 표현이 좀 더 적절하다. 태평양에 자리 잡은 섬들은 유명한 섬도 있지만 이름조차 생소한 섬들도 있다.

섬이 유명하든 유명하지 않든 그 이름으로 주변 바다의

환초가 발달한 태평양의 축chuuk 앞바다

이름을 붙여 보자. 휴양지로 유명한 섬들부터 하와이해, 괌해, 팔라우해, 사이판해라고 부르고, 범위가 다소 큰 폴리네시아해, 멜라네시아해, 미크로네시아해라고도 붙여주고, 귀에 익숙한 피지해, 통가해, 사모아해, 투발로해, 그리고 좀 생소한 키리바티해, 바누아투해 등등. 당연히 공식적인 이름은 아니지만 크고 유명한 나라만이 아니라 소박하나 주변의 바다를 삶의 터전으로 삼고 있는 작은 나라나 섬의 이름으로 바다를 불러 보자.

미지의 남방 대륙, 오스트레일리아

태평양 한가운데에서 남서쪽으로 대륙만큼 큰 섬이 있는데 바로 오스트레일리아Australia이다. 우리에게는 호주라는 이름으로 더 익숙한 오스트레일리아는 라틴어로 남쪽의 땅육지이라는 뜻의 Terra Australis 또는 미지의 남방 대륙Terra Australia Incognita에서 유래하였다. 섬인데 워낙 크다 보니 남극대륙을 발견하기 전까지는 남극대륙으로 잘못 알기도 했다. 오랜 기간 동안 네덜란드가 조사한 서쪽은 뉴홀랜드New Holland, 영국이 조사한 동쪽은 뉴사우스웨일스New South Wales라고 각각 지명을 따로 붙이고, 서로 다른 대륙으로 알고 있었다. 매우 크다 보니 전혀 모르는 상태에서 자신들이 도착한 바닷가에 마음대로 이름을 붙인 것이다. 개미가 코

비스마르크해

솔로몬해

아라푸라해

티모르해

카펜테리아만

산호해

오스트레일리아의 바다

끼리를 조사한 격이었다.

　오스트레일리아는 태평양, 인도양, 남빙양의 3대양을 끼고 있는 영토가 매우 큰 국가이다. 이외에는 태평양, 북빙양, 대서양을 끼고 있는 미국과 캐나다, 그리고 러시아 정도가 이렇게 크다. 그럼 오스트레일리아의 바다를 둘러보자.

토레스해협

　오스트레일리아와 파푸아뉴기니 사이에는 아라비아 반도를 거울에 비쳐 축소시킨 듯한 카펜테리아만Gulf of

Carpentaria이 있고, 마치 대륙의 뿔 같은 요크곶Cape York과 파푸아뉴기니 사이에는 좁은 토레스해협Torres Strait이 있다. 이 해협을 지나면 산호해Coral Sea이고 여기부터 본격적으로 태평양이 시작된다. 유럽 사람 중 처음 이 지역을 항해한 사람은 네덜란드 탐험가이자 항해사인 얀스존Willem Janszoon이지만, 1623년 다시 이곳을 방문한 그의 동료 카르스텐스존Jan Carstenszoon이 당시의 네덜란드 동인도회사의 제독이었던 카르펜티어Pieter de Carpentier의 이름을 따서 카펜테리아라고 이름을 붙였다고 한다.

마찬가지로 아라푸라해와 산호해를 연결하는 토레스해협도 스페인 탐험대의 부대장 토레스Luis Váez de Torres의 이름에서 유래하였다. 유럽 사람들은 남쪽 바다 또는 북쪽 바다로 항해하면서 만나게 되는 육지나 섬, 바다 등에 사람이 살지 않는 곳은 물론 원주민이 살고 있는 곳에도 마음대로 새로 이름을 붙였다. 주로 처음 그곳에 도착한 사람의 이름을 붙여 지금까지도 그 흔적이 많이 남아 있다.

태즈먼해, 바스해협

오스트레일리아가 워낙 크니까 주변의 바다도 다양할

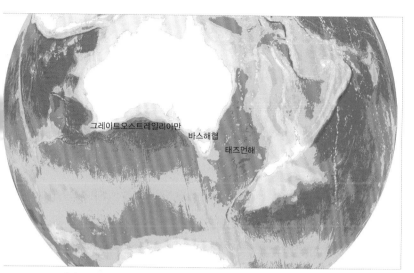

그레이트오스트레일리아만 주변 바다

것 같지만 해안선이 비교적 단조로워 몇 개 안 된다. 오스
트레일리아의 남쪽 해안에 조금 오목하게 들어간 곳이 있는
데, 이곳을 그레이트오스트레일리아만Great Australian Bight
또는 대호주만이라고 한다. 오스트레일리아도 엄청 큰 데
대great까지 붙였으니 과장하고 싶은 마음은 어느 나라 사람
이나 같은가 보다.

　오스트레일리아 남쪽 끝의 태평양은 뉴질랜드와 닿아
있다. 오스트레일리아와 뉴질랜드 사이의 바다는 태즈먼해

Tasman Sea로, 그 이름은 뉴질랜드에 처음 도착한 네덜란드의 탐험가 태즈먼Abel Janszoon Tasman의 이름에서 유래한다. 오스트레일리아 남쪽에 있는 섬의 이름도 태즈먼이 붙어 태즈메이니아Tasmania이다. 이 바다를 탐사한 탐험가가 한 명 더 있다. 그 유명한 영국의 쿡James Cook 선장인데 태즈먼이 바다 이름을 먼저 붙이는 바람에 쿡은 뉴질랜드의 남섬과 북섬을 가로지르는 쿡해협Cook Strait으로 만족해야 했다. 그러나 탐험가로서는 쿡 선장이 더 유명한 것 같다.

오스트레일리아와 태즈메이니아섬 사이의 해협은 바스해협Bass Strait이다. 이 이름도 태즈메이니아섬을 조사하면서 1798~1799년에 이 해협을 지나간 영국 해군의 군의관이자 호주의 탐험가인 바스George Bass의 이름에서 따왔다. 이때의 조사는 물론 오스트레일리아 해안을 모두 조사한 사람으로, 유명한 영국 해군 선장이자 지도 제작자인 플린더스Matthew Flinders라는 사람이 이 해협의 이름을 바스에게 양보(?)했다면 아마도 대단한 인물인 듯하다. 물론 오스트레일리아를 일주하여 호주가 대륙이라는 것을 밝혀낸 사람도 있기는 하지만.

03

서쪽의 큰 바다, 대서양

대서양은 이름을 그대로 풀면 서쪽에 있는 크고도 큰 바다이다. 영어로는 아틀라스의 바다Atlantic Ocean인데, 그리스 신화에서 지구를 떠받들고 있는 거인 아틀라스에서 유래하였음을 알 수 있다. 그런데 요즘은 아틀라스가 지도책이라는 의미를 가진다. 아프리카 북부에는 아틀라스라는 이름의 산맥도 있는데 이 이름 역시 아틀라스 신에서 유래한 듯하다. 예전에는 서양Western Ocean이라고도 썼는데, 유럽의 서쪽에 있는 큰 바다, 즉 대서양이라고 주로 불렸다. 이해가 쉽기 때문이리라.

　대서양의 남서쪽에는 아프리카가 위치하고 있어 아프리카를 대표하여 이 부근의 대서양을 에티오피아해라고도 불렀다. 아시아 하면 중국, 아프리카 하면 에티오피아 정도로 생각하던 시기임을 감안하면 그 이름이 이해가 된다. 대서양은 북쪽으로는 유럽과 북아메리카 대륙에, 남쪽으로는 아프리카와 라틴아메리카 대륙에 둘러싸여 있는데, 특히 남쪽은 해안선 등이 단순한 편으로 특별히 눈에 띄는 바다 이름은 찾아보기 어렵다. 바로 앞에서 태평양을 이야기하였고, 태평양과 대서양은 마젤란해협과 드레이크해협으로 연결되니 남대서양부터 둘러보자.

마젤란의 세계 일주 경로를 거꾸로 가면 태평양에서 마젤란해협을 지나게 된다. 이 해협을 지나면 아프리카대륙과 남아메리카대륙을 좌우의 경계로 하는 남대서양이 나온다. 북대서양Western Ocean을 북쪽 바다Mar del Nort라고 하는 데 비해 남쪽 바다인 남대서양은 에티오피아의 큰 바다Oceanus Aethiopicus라고도 한다. 남대서양은 소위 '대항해 시대'의 역사적 인물인 마젤란, 베스푸치Amerigo Vespucci를 떠올리게 하는 바다이다.

에티오피아해

아프리카의 서쪽 해안은 비교적 단조로운 편이며, 아프

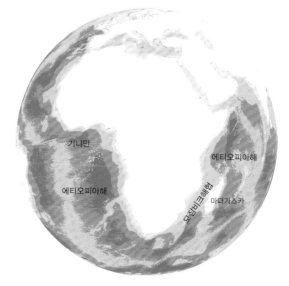

남대서양의 바다들

리카대륙과 맞닿아 있다고 해서 앞서 이야기한 대로 '에티오
피아의 바다'라는 이름으로도 빈번하게 불린다.

　　남대서양의 크기는 엄청나지만 각각의 바다가 이름을
가지려면 역사가 있어야 하고 독특한 형태생김새와 의미 있는
유래가 있어야 어떤 이름을 가지게 된다. 지도를 보면 알 수
있듯이 남대서양이 접하고 있는 아프리카와 남아메리카 대
륙의 연안은 해안선이 비교적 단조로우면서도 비슷한 모양

을 하고 있다. 그래서인지 바다 이름도 비교적 간단하다.

남대서양 동쪽은 아프리카의 후미진 곳으로 기니만Gulf of Guinea, 서쪽은 우루과이와 아르헨티나 사이를 흐르는 바다 같은 라플라타강La Plata River의 하구 정도가 있다. 기니만은 기니라는 나라 이름에서 유래하였으며, 기니는 '흑인의 땅'이라는 의미이다. 라플라타강 하구는 바다처럼 넓어서 어떤 지리학자는 큰 만gulf으로 여기기도 한다. 라플라타강은 스페인어로 'Rio de la Plata'이며 은silver의 강이라는 뜻으로, 카보트Sebastian Cabot라는 스페인 탐험가가 이 강을 탐험하면서 원주민에게 은으로 된 장신구를 받아서 그렇게 이름이 붙여졌다고 한다.

북대서양은 적도를 기준으로 나눈 대서양의 북쪽 부분이다. 바다 이름은 지형적인 영향도 크지만 바다에 대한 관심도 그에 못지않게 중요한 듯하다. 이 북대서양은 북대서양조약기구NATO라는 매우 친숙한 단어에도 나타나듯 전 세계인의 이목이 집중되는 곳이다. 북대서양을 유럽에 가까운 바다 그리고 미국이나 캐나다에 가까운 바다로 구분하면, 유럽의 바다는 지중해가 단연 관심 1순위를 차지하게 된다. 자, 지중해로 출발!!

지중해

우리가 처음 바다 이름 여행을 떠난 지점으로 돌아가

지중해의 바다들

보면, 대서양에 속해 있지만 대서양 못지않게 유명한 바다로 지중해Mediterranean Sea가 있다. 지중해는 영어나 한문의 뜻이 '육지와 육지 사이의 바다'로 같다. 지중해 연안을 모두 통치했던 고대 로마는 지중해를 우리 바다Mare Nostrum 또는 내해Mare Internum라고 불렀는데, 그 영향이 남아 지금도 여전히 내해內海라고도 한다. 사실 '지중해'는 이곳의 바다를 가리키는 고유명사, 즉 이름이 아니라 육지 사이에 낀 바다라는 뜻의 일반명사이다. 따라서 세계 어느 곳에 있는 바다이든 육지로 둘러싸여 있다면 모두 지중해이다. 다만, 오랜 관습상 이곳의 지중해를 가리키는 고유명사처럼 쓰이기도 하므로 이 책에서는 그대로 따르기로 한다.

지중해에는 오랜 전통을 가진 작고 깜찍한 바다가 여럿 있는데, 이들은 대부분 그리스•로마와 연관이 있다. 에트루리아인이 건설한 식민 도시 아드리아하트리아에서 유래한 아드리아해Adriatic Sea, 티레니아 민족의 이름을 붙인 티레니아해Tyrrhenian Sea, 리구리아 민족의 영향을 받은 리구리아해Ligurian Sea, 제우스의 연인 이오의 이름에서 따온 이오니아해Ionian Sea, 테세우스의 아버지 아이게우스Aigeus, Aegeus가 아들이 죽은 것으로 잘못 알고 자살하였다는 슬픈 사연이 깃든 에게해Aegean Sea 등이 지중해에 속해 있다. 에게해 남쪽에는 크레타 문명이 시작된 곳으로 유명한 크레타섬이 있다. 섬의 유명세에 힘입어 섬의 북쪽 바다와 에게해 사이를 크레타해Crete Sea라고도 한다.

아드리아해라는 이름은 그 지역에 살았던 일리리아인Illyrian의 언어로 '물' 또는 '바다'를 의미하는 '아두르adur'에서 유래한 것으로 여겨진다. 세상에는 다양한 민족과 다양한 언어가 있다 보니 '물'이나 '바다'를 뜻하는 단어들이 바다나 섬 또는 땅 이름으로 많이 쓰이는데, 왠지 중복되는 느낌을 지울 수는 없다.

　아드리아해와 연결되는 이오니아해는 이름의 어원이 불확실하지만 그리스 신화에 등장하는 이오Io에서 유래한 것이라 추측한다. 이오는 제우스의 사랑을 받았는데 그의 부인 헤라의 질투가 심했다. 제우스는 헤라의 감시를 피하려고 이오를 황소로 변하게 하여 이 바다를 건너 도망치게 해서 이오니아해가 되었다고 한다. 이오니아해를 건넌 후에 이리저리 방황하던 이오가 보스포러스해협Bosphorus Strait까지 건너갔다고 한다. 아마도 최종 목적지는 이집트였을지도 모르겠다. 보스포러스는 소가 건넜다는 뜻이 있다.

　이오니아는 지금의 터키 아나톨리아해안 지역에 해당하는 이오니아 지방을 가리키는 말로도 사용된다. 그러나 언어학자들의 의견은 서로 의미가 다른 단어인데 발음이 비슷하여 혼동한 것이라 한다. 발음은 유사하지만 강세가 다른 단어라고 한다. 지명이나 바다 이름에 밝은 사람은 이오니아 지방과 이오니아해의 위치가 다르다는 것을 알 것이다. 그리스어로 오미크론을 사용한 이오니아Ιόνια는 이오니아 지방을 의미하고, 오메가를 사용한 이오니아Ιωνία는 이오니아해와 이오니아해에 있는 섬들을 가리킨다. 필자도 매우 궁

금했었는데 확인하고 나니 속이 시원하다. 역시 전문가의 설명은 이해만 된다면 지식의 폭을 넓힐 수 있어 좋다. 이오니아 지방은 오래전에 이곳 바닷가와 에게해 연안에 살았던 이오니아 부족의 이름에서 따온 것이라고 한다.

에게해는 그리스 신화에 나오는 아테네의 영웅 테세우스의 아버지인 아이게우스의 이름에서 유래하였다고도 하고, 파도라는 뜻의 그리스어 아이게스aiges에서 유래하였다고도 한다. 이 책의 주제와는 거리가 있지만 잠깐 사족을 붙이면, 필자는 가끔 테세우스와 페르세우스를 혼동한 경험이 있다. 모두 필자 같지는 않겠지만 테세우스가 등장한 김에 잠깐 차이를 짚어 보면 테세우스Theseus는 크레타섬 미로 궁전에 사는 사람의 몸에 소의 머리를 가진 괴물 미노타우르스Minotaurs를 처치한 영웅이고, 페르세우스Perseus는 괴물 메두사를 처치한 영웅이다.

한편 나폴레옹이 태어난 곳으로 유명한 코르시카섬의 북쪽에 있는 리구리아해는 고대 프랑스 전역에 퍼져 살던 리구르 족les Ligures에서 유래한 것으로 여겨진다. 이 바다와 접하고 있는 이탈리아 연안이 리구리아와 투스카니 지방이니, 리구르 족이 땅 이름도 붙여 준 셈이 되었다. 티레니아해는 고대 그리스 신화 속의 인물인 에트루리아인 Etruscan=Lydia+Etruria 티레Tyrrhenus 왕자의 이름에서 유래한다.

흑해

지중해 옆에는 단짝인 흑해Black Sea가 있다. 고대 그리스 로마 시대에는 지중해와 흑해에서 교역이 활발하게 이루어졌다. 지중해에서 흑해로 가는 길은 먼저 에게해로 들어가서 다르다넬스해협Dardanelles Strait을 지나 작은 바다 마르마라해Sea of Marmara, Marmara Sea를 건너면 아시아와 유럽의 경계가 되는 그 유명한 보스포루스해협Bosphorus Strait이 나오고 그 해협을 지나가면 흑해이다.

그리스 로마 시대에는 다르다넬스해협을 그리스 신화에 나오는 헬레의 바다라는 뜻으로 헬레스폰트Hellespont라고 불렀는데, 이는 넓은 의미에서는 그리스인의 바다라는 뜻도 된다. 다르다넬스는 고대 아시아아나톨리아 연안에 있는 다르다니아Dardania라는 그리스 신화 속 도시 이름이다. 다르다니아는 제우스와 엘렉트라 콤플렉스의 어원이 된 엘렉트라 사이에서 태어난 다르다누스Dardanus의 이름에서 유래하였다고 한다. 고리처럼 서로 연관이 있으니 재미도 있고 그럴 듯하기도 하다.

마르마라해는 그리스어로 대리석인 마르마론marmaron이 풍부한 섬이라는 뜻의 이름을 가진 마르마라섬에서 유래하였다. 고대 그리스 시대에는 앞에 있는 바다라는 뜻의 프로폰티스Propontis라고 불렀는데, 그리스를 기준으로 흑해로 들어가기 전 앞에 있는 바다라는 의미였다. 흑해는 우호적인 바다라는 뜻의 폰투스 유크세이노스Pontus Euxinus라고도 불렀으나 지금은 흑해로 굳어졌다.

흑해 북쪽의 크림반도 동쪽으로 케르치해협Strait of Kerch을 지나가면 아조프해Sea of Azov 러시아어 Azovskoye more 가 있다. 아조프해보다는 크림반도Crimean Peninsula, 크림전쟁이 더 익숙할 것이다. 백의의 천사 나이팅게일이 활동한 시기에 일어났던 전쟁이 크림전쟁이며, 그 이름은 반도 이름에서 유래하였다. 이 바다는 고대 그리스 때 매오티스 호수 근처에 살던 매티스 부족의 이름에서 유래된 매오티스해 Maeotian Sea라고도 불렸으며, 지금의 바다 이름은 이 지역을 방어하다 죽은 터키 유목민 프로베츠Polovstian의 아줌또는 아수프 왕자 이름에서 유래하였다고도 한다. 또 '낮은얕은'이란 의미의 터키어 아사크asak에서 유래하였다는 주장도 있다.

전 세계에 흩어져 있는 바다들은 여러 나라와 접해 있을 뿐만 아니라 각 국가들의 많은 관심을 받다 보니 이름이 여러 개인 경우도 많다. 사실 필자는 여러 나라에서 부르는 다양한 바다 이름을 소개하고 싶었는데 영어 중심에서 크게 벗어나지 못하고 있음을 인정할 수밖에 없다.

흑해에서 동쪽으로 좀 더 나아가면 육지에 둘러싸인 내해로 유명한 카스피해가 있다. 옛날에는 지금과 달리 고대 지중해Tethys Sea에 연결되어 있던 바다였는데, 지금은 분리되어 사방이 육지로 둘러싸여 있고 강물만이 흘러드는 호수가 되었다. 카스피해가 바다인지 호수인지는 인접한 국가들 사이의 정치적인 문제가 복잡하게 얽혀 있어 아직도 논쟁 중이지만, 앞에서 정의한 바다의 자격을 기준으로 보면 호수가 되므로 세계에서 가장 큰 호수로 분류된다.

이름은 카스피해 근처에 살았던 고대 카스피 족의 이름을 따왔다고 한다. 동쪽으로 더 들어가면 아랄해를 끝으로 아시아대륙이 이어진다. 참고로 아랄은 고대 터키어로 '섬'을 의미하기 때문에 아랄해는 다도해라는 의미가 된다.

이쯤에서 다시 바다로 돌아가 항해를 계속해 보자.

지브롤터해협

지중해에서 대서양으로 나아가려면 웬만한 지도에는 나오지도 않는 바다와 익히 잘 알고 있는 해협을 지나야 한다. 발레아릭해Balearic Sea와 알보란해Alboran Sea 그리고 지브롤터해협Strait of Gibraltar이 그것이다.

발레아릭해는 스페인과 포르투갈이 있는 이베리아반도에서 따와서 이베리안해Iberian Sea라고도 한다. 발레아릭섬이 있어서 발레아릭해가 되었으며, 발레아릭은 그리스어이고 라틴어로는 발레아레스Baleares가 된다. 어원은 복잡한 언어학적 설명이 필요하니 생략하기로 하고, 다만 바알Baal이라는 신의 이름이 변형ballo되었다는 정도로만 이해하기로 하자. 성서에 많이 나오는 바로 그 신이다.

알보란해는 지중해의 가장 서쪽에 있는 타원 모양의 바다이다. 지도에서 찾을 수 없으니 필자도 몰랐던 바다인데, 바다와 해양의 경계를 표시하는 보고서를 출판하는 국제수로기구IHO의 바다 이름 목록을 보다가 발견하였다. 사실 몰라서 눈길을 끌었던 것이 아닐까 생각한다. 이 바다에 알보란Isla de Alboran이란 작은 섬이 있다. 섬 이름은 튀니지의 해적 알 보라니Al Borani에서 유래한 것 같고, 1540년 오토만

제국과 합스부르크 왕가 간의 해상 전투가 벌어졌던 곳으로 유명하다. 그 후로는 스페인이 이곳을 점령하였다.

지브롤터해협은 그리스 신화의 영웅 헤라클레스의 전설이 깃들어 '헤라클레스의 두 기둥'이라는 별명이 붙었다. 지중해에서 대서양으로 넘어가는 관문인 이 해협의 이름은 그곳에 있는 지브롤터 바위 이름에서 유래하였는데, 아랍어로 타리크의 산이란 뜻의 제벨타립Jebel Tariq이 영어로 번역되면서 지브롤터가 되었다. 여기서 타리크는 에스파냐스페인를 정복한 이슬람의 유명한 장군 타리크 이븐 지야드Tariq ibn Ziyad를 가리킨다. 고대에는 헤라클레스의 기둥Pillars of Hercules이라고도 불렀다.

비스케이만

지브롤터해협을 빠져나오면 드넓은 대서양이 나타난다. 북쪽으로는 영국-프랑스-아일랜드의 바다가 펼쳐지는데, 포르투갈 연안을 거슬러 북쪽으로 약간 올라가면 스페인과 프랑스에 걸쳐 비스케이만Bay of Biscay이 있다. 이름은 스페인의 바스크 지방에 사는 바스크인Basques에서 유래하였다고 한다. 스페인에서는 칸타브리아 지방과 접하고 있다고 해서 칸

타브리아해Cantabrian Sea라고도 불렀으며, 중세에는 바스크해Basque Sea라고도 하였지만 지금은 비스케이만이라고 한다. 그러나 어떤 이름으로 부르는지는 자유가 아닌가? 소통에 문제가 없다면 부르고 싶은 대로 부르면 되는 것이다. 이름이 비슷한 비스케인만Biscayne Bay을 검색해 보니 미국 플로리다에 있는 석호lagoon가 나오고, 비스케이만Biscay Bay은 캐나다의 도시였다. 바스크 종족의 어부가 정착한 도시였을까?

켈트해

비스케이만에서 북쪽으로 조금 더 올라가면 켈트해가 있다. 바다 이름은 로마 시대부터 용감하기로 워낙 유명한 종족인 고대 영국의 초기 거주 민족인 켈트 족Celts 또는 Kelts에서 유래되었음을 쉽게 알 수 있다. 조금 더 북쪽으로 올라가면 영국과 아일랜드Ireland 사이에 있는 아이리시해Irish Sea 라틴어로는 히버니아해Hibernia海가 나타난다. 이 바다 이름은 자국어로는 에이레Eire, 영어로는 아일랜드라고 하는 단어에서 유래한다. 이 바다 한가운데는 영국에 포함되어 있으나 거의 자치권을 가지고 있는 소수민족 만 족의 만섬Isle of Man이 자리 잡고 있기 때문에 만해the Manx Sea라고도 한다.

영불해협 근처 바다들

켈트해와 아이리시해 사이에는 영국의 수호 성인 세인트
조지의 이름에서 따온 세인트조지해협St. George's Channel이
있다. 아이리시해에서 북쪽으로 통하는 좁은 수로의 이름은
북쪽의 수로^{해협}라는 의미의 노스채널North Channel이다.

영국과 프랑스 사이에는 두 나라 사이의 거리가 가장
짧은 도버해협Strait of Dover을 포함하는 큰 해협이 있다. 영
어로는 영국해협English Channel, 프랑스어로는 제2차 세계
대전 때 연합군의 상륙작전으로 유명한 노르망디 지방에 위
치한 어느 지역 이름을 따서 라망슈해협La Manche이라고 표

기하는 곳이다. 'Manche'는 원통 모양의 옷 소매를 의미한다고 한다. 그러나 필자를 잠시 혼동하게 한 것은 돈키호테 Man of La Mancha가 활약한 무대로 유명해진 스페인의 라만차 La Mancha 지방이었다. 발음 차이가 있으나 'La Mancha', 'La Manche'는 아주 비슷하다. 스페인의 라만차 지방은 내륙에 위치하고 있으며 건조한 땅이라는 뜻이다. 최근에는 영국해협이라는 표현을 더 많이 쓰는데, 우리나라에서는 이 바다 이름을 공평하게 영불해협이라고 부른다. 의역치고는 참으로 멋진 번역인 것 같다. 이 영불해협을 지나가면 해저 유전으로 유명한 북해North Sea가 나온다.

북해

옛날에는 게르만의 바다German Sea; Mare Germanicus, Oceanus Germanicus라고 불렀으나 어떤 연유인지는 모르겠지만 언제부턴가 북해, 간단하게 북쪽 바다라고 부르고 있다. 북해는 천연가스와 석유가 매장되어 있는 해저 유전으로 너무나도 유명하지만, 우리가 관심을 가져볼 만한 바다는 오히려 네덜란드 연안이다. 우리나라 서해안처럼 갯벌로 유명한 바덴해Wadden Sea는 네덜란드어로 'wad'가 갯벌mud-flat이라는 뜻이니 갯벌 바다가 된다. 또 하나 지금은 새만금 방조제에게 양보하였지만 세계 최장의 방조제로 유명하였던 쥐더지Zuiderzee 방조제가 있다. 네덜란드어로 'zee'가 바다이니 이 바다를 막은 방조제의 크기를 상상할 수 있다. 그런데 그 방조제가 막았다는 바다는 싱겁게도 남쪽 바다라는 의미이고, 바덴해의 남쪽에 있는 얕은 만이다.

발트해

북해에서 유럽대륙 쪽으로 들어가면 발트해Baltic Sea가 있다. 그 이름은 라틴어 Balteus벨트에서 유래되었다. 북해에서 발트해로 들어가는 입구는 워낙 좁고 구부러져 있어 형태가 복잡하다. 입구 쪽부터 스카게라크해협Skagerrak narrows과 카테가트해협Kattegat Sounds and Belts이 있는데, 스카게라크해협은 스카겐곶Cape Skagen에 있는 스카오Skaw라는 마을 이름에서 유래되었으며 네덜란드어로는 'Skagen Channel'이라고도 한다. '-rak'는 수로, 즉 직선 수로straight waterway를 뜻한다. 스카게라크해협에서 발트해 쪽으로 좀 더 들어가면 카테가트해협이 있는데 카테가트만이라고도 한다. 우리나라를 포함해 몇몇 나라에서는 갑자기 폭이 좁아

지는 영역을 병목bottle neck이라고 표현하는데, 이곳에서는 고양이 목cat's throat이라고 하나 보다. 카테가트해협은 고양이 목이라는 의미를 가진 해협이다. 북해와 발트해를 연결하는 수로의 공식적인 바다 이름은 이렇지만, 스카게라크해협과 카테가트해협을 모두 합쳐서 노르웨이나 덴마크에서는 노르웨이해, 유틀란트해덴마크의 유틀란트반도에서 유래라고도 부른다.

이들 해협을 지나면 발트해로, 필자에게는 구 소련러시아의 발틱 함대와 소련에 강제 병합된 에스토니아, 리투아니아, 라트비아의 약소국 발트 3국이 생각나는 바다이다. 스칸디나비아반도의 대표 바다인 발트해는 독일을 기준으로 보면 북동쪽으로 치우쳐 있어 오스트제Ostsee동해라고 한다. 마찬가지로 발트해현지에서는 볼틱 동쪽 연안에 위치한 에스토니아Estonia를 기준으로 하면 서쪽에 있는 바다이기 때문에 서해가 된다.

발트해의 가장 북쪽에는 보트니아만Gulf of Bothnia이 있다. 발칸반도에 있는 보스니아Bosnia와 발음은 비슷하지만 관계는 없다. 보트니아만은 라틴어에서 유래한 스웨덴어Botten-viken로 보텐Botten과 비켄viken은 둘 다 만bay, gulf을 의미한다. 따라서 보트니아만은 '만+만'이 되는데 2개의 만이 아니라 아주 큰 만이란 뜻이다.

보트니아만 남쪽으로 핀란드만Gulf of Finland과 리가만 Gulf of Riga이 있다. 이들은 북유럽의 평화로운 나라 핀란드와 라트비아의 수도 리가Riga에서 각각 그 이름이 유래되었다.

노르웨이해

북쪽으로 더 올라가면 나라 이름을 주로 붙이기 때문에 이름만 보고도 어느 나라의 바다인지 알 수 있다. 북해의 북쪽이자 노르웨이의 서쪽에 있는 노르웨이해Norweigian Sea, 조금 더 북서쪽에는 대륙은 되지 못했지만 섬으로는 세상에서 가장 크기가 큰 그린란드의 동쪽 바다인 그린란드해Greenland Sea가 있다. 그린란드와 아이슬란드 사이의 해협은 덴마크해협Denmark Strait이다. 그 위는 바로 북빙양으로 접어든다.

　　북쪽을 향해 올라가는 김에 북빙양과 남빙양을 자세하게 살펴볼 수도 있지만 아직 대서양의 서쪽 부분을 들르지 못했으니 이곳부터 먼저 가 보기로 하자.

　　필자의 개인적인 기준이라 바른지는 모르겠지만 내 느낌으로 구별해 보면 북아메리카는 인디언, 남아메리카는 인디오가 살았을 거라는 생각이 든다. 실제로는 아메리카 원주민을 영어와 스페인어로 표현한 것인데, 북아메리카가 영어권이고 중남아메리카가 스페인어권이라 사람들이 자연스레 그리 구분하는 듯하다. 아메리카대륙에 이주민들이 들어온 이후 원주민의 수가 급격하게 줄어들어 지금은 얼마 안된다. 이에 비해 이주 초기 노예로 끌려온 흑인과 백인의 혼

혈인 물라토mulato, 원주민과 백인의 혼혈인 메스티조mestizo
의 수는 급격히 늘어 지금은 오히려 이들이 인구의 상당 부
분을 차지한다.

래브라도해

노르웨이해에서 덴마크해협을 지난 후 그린란드를 끼고
남쪽으로 항해해 가면 대서양의 서쪽, 캐나다 동부 연안을
마주하게 된다. 이 지역은 아주 옛날부터 바이킹 족을 비롯
해 여러 민족이 오간 흔적이 많지만 여전히 평온을 유지하
고 있다. 바로 이곳에 기후 변화라는 전 세계적인 주제와 관
련된 연구 성과가 많아서 해양기후물리 과학자라면 들어본
적이 있는 래브라도해Labrador Sea가 있다. 래브라도반도와
그린란드 사이의 연해로, 래브라도반도에서 이름을 따왔다.
래브라도반도는 이 지역을 탐험한 포르투갈 탐험가 라브라
도João Fernandes Lavrador의 이름에서 유래한다.

래브라도해와 이어지는 데이비스해협Davis Strait과 그
북쪽의 배핀만Baffin Bay, 그리고 북서쪽으로 이어지는 허드
슨해협Hudson Strait과 허드슨만Hudson Bay도 모두 이 지역을
탐험한 영국의 탐험가인 데이비스John Davis, 배핀William Baffin,

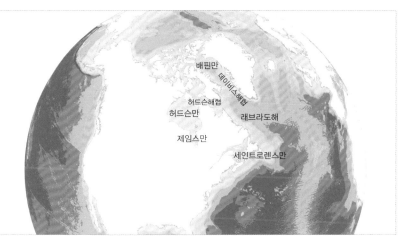

래브라도해 주변

허드슨Henry Hudson에서 각각 유래한다. 허드슨만을 탐험하다
가 죽음을 맞이한 허드슨의 슬픈 이야기는 소설로 세상에 알
려지기도 했다. 이들 바다에 대한 탐사는 제대로 알지 못해
북빙양까지는 아직 들어가지 못했을뿐더러 북아메리카대륙
의 형태도 파악하지 못했던 시기에 유럽이 태평양으로 진출
하기 위해 북서항로와 북동항로를 찾으면서 이루어졌다.

래브라도반도를 끼고 남쪽으로 항해하다 보면 반도와,
새로 발견한 섬이란 뜻의 뉴펀들랜드섬New-found-land Islands
사이에 있는 세인트로렌스만Gulf of St. Lawrence을 만나게 된다. 미국의 5대호Great Lakes를 돌아 흘러내리는 세인트로렌스강이 바다와 만나는 곳으로, 세계에서 가장 큰 하구로 유명하다. 그 이름만으로도 3세기경의 순교자 로렌스 성인의 이름을 따왔음을 알 수 있다. 세인트로렌스만의 노바스코샤 지방 건너편에는, 16미터 정도로 세계에서 가장 큰 조수 간만의 차이를 자랑하는 펀디만Bay of Fundy이 있다.

멕시코만, 카리브해

대서양의 서쪽은 아메리카대륙의 동쪽이다. 이곳은 캐나다 해안을 제외하고는 비교적 해안선이 단순한 편이므로 멕시코만Gulf of Mexico과 카리브해Caribbean Sea 정도만 항해해 보기로 한다.

멕시코만은 나라 이름 멕시코에서 유래하였고, 멕시코라는 단어는 고대 아즈텍 제국에서 사용하는 언어라고 하는데 그 의미는 정확하게 알려져 있지 않다. 다만 '달moon의 중심에 있는 장소'라는 그럴듯한 주장이 있다.

카리브해는 카리브 족Carib의 이름에서 따왔다. 카리브해는 바다의 경계를 이루는 인도네시아의 순다열도처럼 앤틸리스제도가 경계를 만들어 주고 있다. 앤틸리스제도는 대앤틸

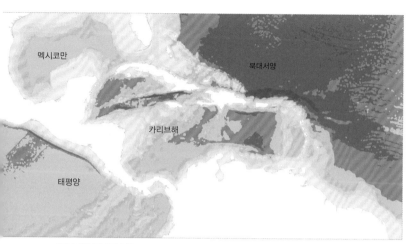

카리브해와 주변의 섬들

리스제도Greater Antilles Islands와 소앤틸리스제도Lesser Antilles Islands로 나뉜다. 바다는 아니지만 바다 한복판에 있는 섬海中地은 지중해와 같이 바다에 포함하여도 무방할 듯하다.

대앤틸리스제도는 쿠바섬, 자메이카섬, 히스파니올라섬아이티와 도미니카 위치, 푸에르토리코섬이 모여 있다. 소앤틸리스제도에는 섬이 너무 많아 일일이 늘어놓기가 어려우니 이 책을 읽는 분들은 꼭 지도를 펴고 확인해 보면 좋겠다. 필자도 기억하고 있는 섬은 토바고 정도이다. 앤틸리스는 포르투갈어 앞ante과 섬Ilha이란 의미의 안틸리아Ante-Ilha에서 유래되었다고 하는데, 섬 앞 또는 앞 섬fore-island, 'Island of the Other' 또는 'Opposite Island'이라는 뜻이라 하는데 애매하기는 하다. 그래서인지 유난히 어원에 관한 다른 주장이 많다.

사르가소해

대서양에서 눈길을 끄는 특이한 바다로는 사르가소해 Sargasso Sea가 있다. 이름은 사르가숨Sargassum이라는 갈조류에 속하는 모자반류에서 유래되었다. 모자반은 그 이름의 의미를 찾기는 어렵지만 일본이나 중국에서는 '말꼬리해조馬尾藻'라는 의미로 부른다. 우리나라는 경상도 사투리가 '마제기', 제주도 사투리가 '몸'이라 하는데 생긴 모양으로 보면 말 꼬리가 떠오르기는 한다. 정약전의 표현에 의하면 '수천 개의 가지를 늘어뜨린 버드나무 같다'는 것으로 보아 모자반은 아마도 그 모양을 표현하는 말인 듯하다.

보통 모자반은 연안의 돌에 뿌리를 붙이고 사는 생물이다. 그런데 사르가소해의 모자반은 바다가 깊다 보니 뿌리를 내리지 못하고 공기주머니에 의해 물속에 뜬 상태로 큰 군집을 이루며 바다 한가운데 떠 있다고 한다. 이런 현상에 대해 여러 주장이 있지만, 강한 파도에 연안에서 떨어져 나온 모자반이 해류로 형성되는 와류 영역에 정체되어 번식하면서 살아가고 있다는 것이 가장 설득력 있다.

이 바다는 해안선이 없는 바다, 바다로 둘러싸인 바다, 바닷속의 바다로도 유명하다. 바람과 해류가 없어 옛날에는 이곳을 항해하는 사람들에게는 죽음의 바다로 여겨졌다. 비행기와 선박의 실종 사고가 잦으나 그 잔해의 행방이 묘연한 것으로 유명한 버뮤다 삼각지대에 포함되는 바다이니 관심 가져볼 만하다. 그러나 웬만한 지도에서는 그 이름을 찾아보기 어렵다.

바다에 사는 생물에서 이름을 따온 바다 이름이 많을 것 같은데 의외로 찾기가 어렵다. 지금까지 찾아낸 것은 단 두 곳으로, 모자반에서 유래한 사르가소해와 오스트레일리아 연안의 산호해Coral Sea뿐이다. 모자반은 해조류로 광합성을 하는 식물이고, 산호는 생김새는 식물 같지만 부착생활을 하는 자포동물이니 동물과 식물이 공평하게 하나씩 나눠 가진 셈이다. 하기는 사람 이름에서 따온 것을 동물 유래로 본다면 생물 이름에서 유래한 바다 이름도 적지는 않다. 한쪽은 종種이나 부류部類의 이름이고, 하나는 개체개인의 이름이라는 차이가 있기는 하지만.

그런데 어째서 돌고래해, 고래바다, 상어바다, 참치바다, 가오리 바다, 해달의 바다, 물개바다, 멸치바다, 연어바다, 대구바다, 청어바다, 새우바다, 게와 가재의 바다, 조개바다, 굴바다, 홍합바다, 해파리의 바다, 불가사리의 바다, 날치바다 같은 바다 이름은 없을까? 워낙 다양한 세상이니 알려지지는 않았지만 어느 구석에 이런 식의 이름을 가진 바다가 있을 것 같기도 하다. 없다면 앞으로라도 해양생물에게 바다 이름을 양보하자는 소박한 제안을 해 본다.

지도를 열심히 찾다 보니 동물 이름으로 된 바다를 더 찾아냈다. 오스트레일리아 서부에 상어만Shark Bay, 남빙양에 고래만Bay of Whale이 있었다. 지도에서 이들 이름을 찾아내고 보니 더욱 더 바다 이름을 바다생물에게 양보하면 좋을 것 같다. 이런 이야기를 동료 연구자와 나눈 적이 있었는데, 조선시대에는 동해를 고래가 많다고 고래 경鯨 자를 붙여 경해鯨海라고 불렀다고 알려 주었다. 자료를 찾아보니 『택리지』와 『신증동국여지승람』 두 권이 거론되었다. 연구자의 습성상 누군가의 주장을 그대로 믿지 않고 확인해야 직성이 풀려서 『택리지』를 찾아보았으나 주장과는 달리 찾을 수 없었다. '경해'는 보이지 않고 동해를 푸른 바다라는 뜻의 '벽

116

해碧海'라 표현한 것만이 있었다. 『신증동국여지승람』에는 경상도 울산군제22권, 경주부제21권에서 '경해', 직역하면 '고래바다'라는 단어를 찾을 수 있었다. 『신증동국여지승람』을 좀 더 살펴보니 평안도 의주목제53권에 평안도 앞바다황해를 '경해'라고 표현한 대목도 나온다.

또 안정복의 『동사강목』에 '마한 땅 경해'라는 표현이 나오는데 마한 땅이라면 서해가 아닌가? 울산 앞바다를 '고래바다'라고 한 자료도 검색되는 것으로 보아 고래가 워낙 거대한 동물이다 보니 크고 넓은 바다를 '경해'라고 표현한 것이 아닌가 생각된다. 『승정원일기』, 『간양록』, 『금계일기』 등에서 망망경해망망대해, 만리경해와 같은 표현을 한 것처럼. 아마도 경해는 고래가 크다는 의미를 빌려 와서 큰 바다를 표현하는 단어로 쓰인 듯하다. 참고로 지금은 우리나라의 중요한 고전 자료의 본문을 대부분 검색할 수 있다. 경해에 관한 내용은 한국고전번역원www.itkc.or.kr의 검색이 큰 도움이 되었다.

04

북쪽의 큰 땅으로
둘러싸인 얼음 바다, **북빙양**

지구가 자전하는 방향과는 반대 방향으로 인도양, 태평양, 대서양의 순서로 큰 바다를 항해해 보았다. 이제는 항해술의 발달에 큰 영향을 끼친 '나침반'이라는 위대한 발명품을 기념하며, 지구의 북쪽과 남쪽 끝에 있는 바다로 가 보자. '동쪽 바다'라는 이름만큼이나 '북쪽 바다'도 여러 곳에 사용되어 왔다. 지금은 영국-노르웨이-덴마크-네덜란드-프랑스로 둘러싸인 북해만이 공식적으로 북쪽바다North Sea이다. 바람이 강해서 파도가 거친 바다로도 유명한 북해보다 훨씬 북쪽에 있는 바다가 바로 북빙양The Arctic Ocean이다.

　한때는 북빙양을 대서양의 부속 바다로 여겼던 적도 있지만 지금은 독립된 큰 바다로 간주한다. 지극히 춥다는 이

유 외에도 북쪽의 극지점인 북극을 포함하고 얼음으로 덮인 땅이 있기 때문으로 북해, 북극해 등으로도 불린다. 지구의 가장 북쪽에 있는 바다가 품은 작은 바다들을 찾아 러시아에서 출발하여 시계 방향으로 항해해 보자.

바렌츠해

북빙양으로 접어들어 가장 먼저 만나는 바다는 노르웨이해와 접하고 있는 바렌츠해Barents Sea이다. 북극을 탐험한 네덜란드 탐험가 바렌츠Willem Barents를 기념하여 그의 이름을 붙인 바다이다. 바렌츠는 1594년 북극탐험대를 조직하여 북극으로 들어가 북위 77도 15분 지점에서 러시아어로 새로운 땅이란 뜻의 노바야 제믈랴Novaya Zemlya를 발견하였으며, 1596년에는 북위 77도 49분 지점에서 우리나라의 북극 다산기지가 있는 스발바르제도Svalbard Islands를 발견하였다. 그러나 그는 탐사 도중 빙하에 갇혀 실종되었다. 그 후로 오랫동안 북극 탐험은 중단되었다. 1871년에야 그의 유품을 발견했을 정도로 긴 시간이었다. 러시아에서는 바렌츠해 근처에 있는 오래된 큰 도시 무르만스크의 이름을 붙여 무르만스크해Sea of Murmans Murmanskoye Morye 러시아어라고도 부른다.

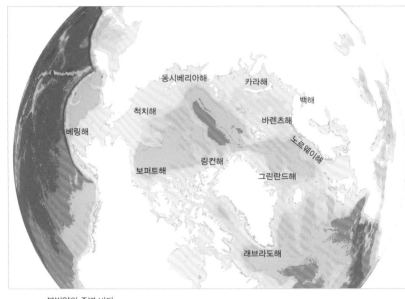

북빙양의 주변 바다

바렌츠해의 남쪽에 하얀 바다, 백해White Sea가 있다.

카라해

바렌츠해에서 바렌츠 탐험대가 발견한 노바야 제믈랴섬을 지나가면 카라해Kara Sea가 나온다. 북빙양의 가장자리에 있는 러시아 바다인 카라해의 카라는 순수pure하다는 뜻으로 카라강Kara River에서 유래하였다. 카라강 하구에는 도시 카라가 자리를 잡고 있다. 카라해로 흘러드는 강은 여럿으로 오비Ob강, 예니세이Yenisey강, 피아시나Pyasina강, 카라강이 있는데 큰 강을 물리치고 카라가 이름을 차지하였다.

카라해와 바렌츠해 사이에 페초라해Pechora Sea가 있는데, 이 이름도 이 바다로 들어오는 페초라강에서 유래한다.

랍테프해

카라해에서 동쪽으로 항해해 가면 랍테프해Laptev Sea가 나온다. 앞에서 이야기한 대로 사람들은 세상에 알려지지 않았던 지역으로 처음 들어가게 되면 새로 이름을 짓는데 대개는 탐험가의 이름을 붙인다. 랍테프해도 러시아 탐험가들인 랍테프Dmitry Laptev & Kharitor Laptev 사촌 형제의 이름에서 유래하였다.

동쪽으로 계속 항해해 가면 동시베리아해East Siberian Sea가 나타난다. 러시아 전체 면적의 약 80퍼센트를 차지하는 시베리아는 '잠자는 땅'이란 뜻의 러시아어 시비르Sibir에서 유래하였다. 크기가 크기로 유명한 러시아에서도 가장 넓게 자리 잡고 있어서 너무 막연하여 동서로 나눈 듯하다. 동시베리아 쪽으로 치우친 북쪽의 추운 바다가 동시베리아해이다.

동시베리아해와 잇닿아 있으며 우리나라 쇄빙선인 아라온호의 성능을 점검하기 위하여 처음으로 갔던 곳이 북빙양의 척치해Chukchi Sea이다. 어떤 코스로 항해했을지 추측이 가능하다. 베링해를 지나 척치해로 접어드는 항로가 가장 짧은 코스이다. 바다 이름은 추코타Chukotka반도에 사는 척치 족Chukchi, Chukchee에서 유래한다.

러시아의 북쪽 바다가 러시아의 시베리아 탐험과 더불어 바다 이름이 붙여져 갔듯이 캐나다 북부 해역의 이름도 탐사가 이루어지면서 탐험가들의 이름이 붙여졌다. 그린란드와 캐나다 엘즈미어섬과 접하고 있는 링컨해Lincoln Sea는 미국의 대통령 링컨을 떠올리겠지만 그가 아니라 미국의 북극탐험대 대장 링컨Robert Todd Lincoln의 이름에서 따온 것이다. 그의 아버지인 링컨 대통령이 더 유명하기는 하지만 바다에 이름을 빌려 준 것은 아들 링컨이다. 이름이 나온 김에 덧붙이면 엘즈미어섬Ellesmere Island은 털이 많은 뿔소의 땅 Land of Muskox이라는 의미이다.

보퍼트해

동시베리아해에서 동쪽으로 항해하다 보면 알래스카 북

쪽에 해당하는 보퍼트해Beaufort Sea; Mer de Beaufort가 나온다. 이름은 아일랜드의 수로 측량기사이자 영국의 해군장교인 보퍼트 경Sir Francis Beaufort의 이름에서 유래한다.

유럽을 기준으로 하면 캐나다 북쪽으로 북빙양을 지나 보퍼트해를 거쳐 베링해를 경유하여 아시아로 가는 항로를 북서항로라고 한다. 그러나 우리나라와 아시아에서 보면 북동항로가 된다. 반대로 미국에서 러시아 북쪽의 바렌츠해를 지나 동시베리아해를 거쳐 베링해를 지나 아시아로 오면 북동항로가 되지만, 아시아에서 보면 북서항로가 된다. 방향은 기준에 따라 바뀌어 일관성이 없으므로 과학하는 사람의 입장에서는 방향으로 바다나 항로를 표현하는 것은 합리적이지 않아서 싫다.

북빙양

북극 주변의 바다를 항해하느라 정작 주인공인 북빙양 이야기를 하지 못했다. 북빙양의 중앙부는 얼음으로 덮여 있어서 예전에는 얼음 바다, 추운 바다, 추운 북쪽의 바다라고 막연하게 불렀다. 한때는 탐험가들 외엔 관심을 갖지 않는 바다였으며 21세기인 지금까지도 여전히 미지의 바다로

125

남아 있다. 그러나 최근에는 이곳의 자원 개발에 관심이 높아지면서 러시아, 캐나다, 미국, 그린란드, 노르웨이 등 북빙양 연안의 국가들이 치열한 신경전을 벌이고 있다. 정작 이곳에 오랫동안 터를 잡고 살아온 '사람'이라는 뜻의 이누이트 족Inuit에게는 아무런 관심이 없다. 얼음집으로 유명한 이글루Igloo가 바로 이들의 거주지이며 그들의 언어로 집이라는 뜻이다. 그들이 그곳에서 자신들의 집을 오랫동안 지킬 수 있기를 빈다.

05

남쪽의 큰 땅을
감싸고 있는 얼음 바다, **남빙양**

5대양 가운데 마지막으로 지도에서는 찾을 수 없는 남빙양Southern Ocean으로 떠나 보자. 남빙양은 단어를 직역하면 '남쪽의 큰 바다'이다. 남빙양은 대부분의 지구본에서 찾을 수가 없다. 태평양, 대서양, 인도양의 남쪽 부분과 겹쳐서 표시하기가 애매하기 때문이다. 또 대부분을 빙원으로 된 남극대륙이 차지하고 있어서 웬만큼 바다에 관심이 있지 않고서는 어떤 바다인지를 알기가 어렵다.

　재미는 없지만 남빙양을 교과서적으로 정의해 보면 남위 60도 이상의 남극대륙을 둘러싸고 있는 바다이다. 오스트레일리아에 처음으로 유럽 사람이 발을 들여놓은 지 50년 정도가 지나서야 세상에 알려진 남극대륙과 바다 역시 여전

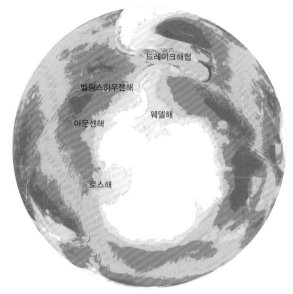

드레이크해협

벨링스하우젠해

아문센해

웨델해

로스해

남빙양의 주변 바다

히 미지의 바다로 남아 있다. 남빙양은 주인(?) 없는 남극대
륙을 둘러싸고 있는 바다로, '남극해Antarctic Ocean', '남해',
'남양'이라고도 한다. 흔히 대륙에 둘러싸여 있는 모습을 보
이는 다른 바다와는 달리 남빙양은 '남극대륙'을 둘러싸고
있어 다소 성격이 특이한 바다이다. 남극점을 둘러싸고 있
으니 당연히 매우 춥다.

　남위 60도 이상에서 남극대륙을 빙빙 도는 흐름을 가진

남빙양을 우리나라의 세종과학기지가 있는 곳에서 시작하여 시계 방향으로 항해해 보자. 이곳의 바다 이름도 이 지역을 탐험한 사람들이 주로 붙였다.

세종과학기지가 있는 킹조지섬 주변의 바다는 스코티아해Scotia Sea 또는 아르헨티나해Mar Argentino라고 한다. 여기서부터 반시계방향으로 벨링스하우젠해Bellingshausen Sea, 아문센해Amundsen Sea, 로스해Ross Sea, 웨델해Weddell Sea가 대표적이며 이름은 모두 탐험가의 이름에서 유래한다.

스코티아해는 탐험가 스콧Scott이 생각나겠지만 실은 스코틀랜드에서 유래한 것으로 유일하게 사람 이름이 아니라 지역 이름을 따온 것이다. 사실 사람 이름이 지역 이름에서 유래하기도 하고, 또 그 이름이 다른 곳에 쓰이기도 하니 단정적으로 구분하기는 곤란하다. 브루스William S. Bruce가 지휘한 스코틀랜드의 남극탐험대가 이 해역에서 사용한 배의 이름이 스코틀랜드Scotia인데 여기서 유래하였다고 한다. 캐나다와 미국의 동부 연안 경계에는 노바스코샤Nova Scotia라는 반도가 있는데 이는 새로운 스코틀랜드New Scotland라는 뜻이다.

벨링스하우젠해는 이 지역을 1821년에 항해한 러시아 해군장교 벨링스하우젠Thaddeus Bellingshausen의 이름에서 따왔

남빙양은 펭귄과 빙산으로 대표되는 바다이다.

고, 로스해는 1841년에 이곳을 발견한 영국 해군 장교이자 탐험가인 로스James Ross의 이름이며, 아문센해에 이름을 빌려 준 아문센은 노르웨이의 극지 탐험가이다. 아문센은 1911년 12월에 세계에서 가장 먼저 남극점을 밟은 사람으로 새삼스레 설명할 것이 없는 인물이다. 웨델해도 스코틀랜드 항해사 웨델James Weddell에서 따왔다. 대륙의 크기에 비하여 바다 이름에 관한 설명은 아주 간단하다. 사실 남극은 바다도 유명하지만 뭐니 뭐니 해도 대륙이다. 남극대륙은 유일하게 주인이 없고 나라가 없는 대륙이라 관심을 갖는 국가가 많다.

06

우리나라의 바다

지구를 한 바퀴 돌아 전 세계에서 유명하다는 바다는 다 찾아가 보았는데 정작 중요한 바다 하나를 건너뛰었다. 바로 우리 앞바다이다. 우리 앞바다에 대해 잘 알고 있다고 생각하겠지만, 바다를 연구하고 있으며 바다에 관심도 많은 필자조차 간혹 마주치게 되는 우리 바다의 생소한 이름에 놀라곤 한다. 동해안에서부터 해안을 따라 우리나라 바닷가도 한 바퀴 돌아보자.

동해의 대표선수, 영일만

우리나라 국가 같은 노래의 배경으로 붉은 해가 떠오르는 동해의 모습이 방영되는 경우가 많다. 힘차게 떠오르는 태양과 탁 트인 바다가 주는 이미지 때문에 동해는 늘 우리 마음을 꿈틀거리게 하는 무엇인가가 있다. 활동적인 이미지와는 달리 해안선은 비교적 단순하다. 아무래도 아기자기한 해안선이 있어야 바다를 다양하게 구분해서 바다 이름이 여럿 생겨날 수 있는 법인데, 해안선이 단순하면 바다도 단순하고 바다 이름도 단순해진다.

한반도를 보면 잘록한 허리 모양으로 들어간 부분이 있다. 바로 동한만東海과 서한만西海이다. 최근에는 동한만을 한국만Korean Bay이라는 이름으로도 부르는데, 서로 연결되어 있지는 않지만 한반도를 기준으로 본다면 한국만을 동서로 나눈 것이 동한만과 서한만이니 '동한만'만을 한국만으로 표기하는 것은 명백한 오류이다. 동한만으로 줌인해 들어가 자세히 살펴보면 함흥만, 영흥만元山灣이 있다.

동한만에서 곧은 등줄기를 타고 내려오듯 남쪽으로 항해하다 보면 그 유명한 호랑이 꼬리 부분에 이르게 되는데 이 꼬리가 있는 바다가 영일만이다. '영일迎日'은 해를 맞이한다는 뜻으로, 동해이니 '해돋이'를 의미하는 그럴듯한 바다 이름이다.

남해의 작은 바다

영일만에서 남쪽으로 항해하여 울산만과 수영만^{부산}을 지나 남해로 접어들면 진해만^{마산만}이 눈에 들어온다. 한려수도를 지나면 울퉁불퉁 아기자기한 해안선을 따라 사천만, 광양만, 여수만, 순천만^{여자만}, 보성만, 득량만, 강진만……이 잇따른다.

진해만은 진압할 진^鎮 자와 바다 해^海가 만나 '바다를 진압한다'는 뜻이 되니 해군 기지가 자리 잡을 만한 지명이다.

순천만의 또 다른 이름인 여자만은 '아름다운 여자'가 아니라 너 여^汝, 스스로 자^自가 만나 '너 스스로 알아서 하라^{自立}'는 뜻이다. 섬 이름 여자도에서 유래한 것으로, 섬이다 보니 '모든 것을 알아서 해야 한다'는 의미인가 보다.

득량만은 얻을 득^得, 양식 량^糧이 합쳐져 '식량을 얻었다'는 의미로, 같은 이름을 가진 득량도에서 유래하였다. 섬 이름은 임진왜란 때 이순신 장군이 득량도에 있는 풀을 베어 만든 마름을 산꼭대기에 곡식처럼 쌓아 왜군이 군량미로 오인하게 하였다는 데서 유래되었다고 한다. 짚과 섶을 둘러 왜군을 속였던 목포 유달산의 노적봉을 알고 있을 것이다. 비슷한 작전이다.

태평양에 비겨 소평양小平洋이라 할 수 있을 만큼 잔잔하고 평화로운 우리나라 남해의 어느 바다

강진만은 강진이라는 군의 이름에서 유래하였는데, 강진은 도강道康과 탐진耽津이라는 두 고을이 합쳐지면서 양쪽의 이름을 한 자씩 따온 지명이다. 이름의 한자를 풀어 보니 편안할 강康과 나루 진津으로 '편안한 나루터'가 되니 매우 운치 있는 이름이다. 강진군 도암면道岩面의 이름을 따서 도암만이라고도 한다. 전라남도 화순군에도 같은 한문을 쓰는 도암면이 있고, 강원도 평창에는 도암댐이 있다. 혼동하지 않기를 바란다.

서해의 작은 바다

남서 연안을 돌아 서해안으로 접어들면 남해안 못지않은 복잡한 해안선이 나타난다. 함평만, 곰소만줄포만, 천수만, 가로림만, 아산만을 지나 경기도로 접어드니 경기만이 눈에 들어오고 북쪽으로 계속 항해해 가면 해주만에 이어 동해의 동한만에 대응하는 서한만이 나온다. 대부분이 지명에서 유래하였음을 쉽게 알 수 있는 바다 이름이다.

다만 가로림만은 다르다. 한문은 더할 가, 이슬 로, 수풀 림이지만, 그 의미와는 전혀 관계가 없다고 한다. 나폴레옹 3세 때 한반도를 살피러 왔던 프랑스 정찰대가 이곳을 지나면서 나폴레옹 1세의 누이동생인 캐롤라인Caroline의 이름을 따서 붙였고, 이를 한자로 음역하여 '加露林'으로 썼다는 것이다. 서해안의 바다와 그 이름을 살펴보다 보면, 방조제로 막혀 바다는 물론 바다 이름마저 사라져 가는 현실이 큰 아쉬움을 불러일으킨다.

곰소만의 곰소는 곰 같이 생겼다는 곰섬과 깊은 소沼가

아산만 석문 대호 방조제(위), 곰소만 갯벌은 땅이 많이 드러나 보임에도 자연스럽게 바다가 연상되는 드넓은 갯벌이다(가운데). 태안 앞바다(아래)

있어서 유래된 이름이다. 그대로 한자로 옮겨 웅연熊淵이라고도 한다. 근처에 줄포라는 큰 어항이 있어 줄포만이라고도 하는데, 곰소만을 더 많이 쓴다. 곰소라는 지명에 대한 다른 주장도 있다. 곰이 동물 곰을 가리키는 것이 아니라 '검다', '깊다'는 의미로 곰소는 '검고 깊은 물'이란 뜻이라고 한다. 큰 조개를 말조개라고 하여 말馬이 크다는 의미를 가지는 것처럼 곰熊은 '검다' 혹은 '깊다'는 뜻을 가진다는 주장이다. 여기서 깊다는 의미는 바다가 깊다는 것이 아니라 변산반도에 있는 계곡의 깊은 연못을 가리키는 듯하다.

복잡한 해안선을 가진 만큼 바다에서 다양한 이름을 찾을 수 있다. 이름을 불러 주었을 때 비로소 하나의 의미가 된다는 김춘수 선생의 「꽃」이라는 시를 빌려 오지 않아도 이름은 부르기 전에는 아무런 의미가 없다. 이름을 불러 주었을 때 비로소 그것은 우리에게 의미로 다가온다. 전 세계의 바다 이름도, 우리나라의 땅과 바다 이름도 다르지 않다.

하나의 바다와 하나의 땅
_대륙과 해양의 기원

약 2~3억 년 전 대륙도 하나, 대양도 하나밖에 없었던 시절이 있었다. 유일한 대륙은 독일어로 판게아Pangaea이고, 바다는 판탈라사Panthalassa이다. 판게아는 워낙 큰 대륙, 실은 하나뿐이니 그냥 육지인데 어쩌다 움푹 들어간 작은 바다 하나가 만들어졌다. 이 바다는 판게아대륙을 지금의 남아메리카, 아프리카, 남극대륙, 오스트레일리아, 인도 등이 속한 곤드와나대륙나중에 인도는 곤드와나대륙에서 분리되어 아시아대륙에 충돌하며 히말라야산맥을 만듦과, 지금의 북아메리카, 유럽, 인도 없는 아시아대륙이 속한 로라시아대륙으로 나뉘면서 확실하게 바다가 되었으니, 바로 테티스해Tethys Sea이다.

유일한 땅 판게아는 무슨 뜻일까? 고대 그리스어로 판

141

게아는 전체 또는 전부^{Pan}와 지구^{Gaia}의 합성어이다. 하나의 해양 판탈라사는 전체^{전부}와 해양^{Thalassa}의 합성어이다. 이 바다는 나중에 태평양이 되기 때문에 고대 태평양$^{\text{Paleo-Pacific}}$이라고도 한다.

이름의 어원을 이야기하는 김에 처음 하나의 바다로 떨어져 나온 테티스해가 무슨 뜻일까 찾아보았다. 테티스는 그리스 신화에서 땅의 신 가이아와 하늘의 신 우라누스 사이에 태어난 딸로 바다의 여신이다. 테티스^{Tethys}를 바다의 요정이었다가 바다의 여신이 된 테티스^{Thetis}와 혼동하기도 하는데, 테티스^{Thetis}는 트로이 전쟁의 최강 전사 아킬레우스의 어머니이다. 이렇듯 그리스 로마 신화에 등장하는 신이나 인물의 이름도 바다 이름으로 사용되는 경우가 있다. 테티스해는 점점 그 범위가 좁아져서 지금의 지중해가 되었기 때문에 유럽 사람들의 유난한 관심을 받아왔다.

아주 옛날의 바다.

고생대, 중생대, …… 공룡 시대의 바다.

알프레드 베게너라는 사람을 아는가? 대륙이동설을 주장한 독일의 과학자^{기상학자}이다. 최근에 우리나라에도 번역되어 출간된 『대륙과 해양의 기원』이라는 책을 썼다. 다양한 재미에 익숙해져 있는 우리들로서는 크게 재미있는 책은 아니지만 워낙 유명한 책이니 한번 꾹 참고 읽어 보았으면 하고 추천하는 책이다. 처음에는 아무도 믿지 않았지만 점차 드러나는 증거들로 그의 주장이 확인되고 있다. 정리하면 옛날에는 하나의 대륙이었던 것이 서로 분리되어 이동하면서 지금의 대륙과 해양을 형성하였다는 내용이다. 그 이론을 설명하려는 것이 아니라, 아주 처음의 대륙과 해양에 관한 이야기이다.

바다 이름은 됐고, 이제는 철학의 바다로 가 보자.

고해苦海, 사해四海, 망망대해茫茫大海……

또 무시무시한 상황을 바다로 표현하기도 한다.

물바다, 불바다, 피바다…….

지금까지 우리가 찾아본 바다 이름은 고유명사였다. 이러한 바다 이름은 하나의 고유한 바다를 가리킨다. 그러나 우리가 쓰고 있는 바다를 가리키는 일반적인 단어도 있다. 태평양은 고유명사이지만 잔잔하고 평화로운 바다는 일반명사이다. 북해North Sea는 고유명사이지만, 북쪽바다north sea는 일반명사이다. 북쪽이 육지로 막혀 있지만 않다면 바다를 끼고 있는 나라는 다 북해가 있다. 그럼 지금부터는 세계 지도나 우리나라 지도에는 없지만 바다를 이해하기 위한 일반적인 이름을 공부해 보자. 사실 이것을 먼저하고 바다 이름을 이야기하는 것이 순서이지만……, 그러면 책을 읽는 재미가 덜 할 것 같아서 맨 뒤로 보냈다.

우선 연안은 물가이다. 강가, 호숫가, 바닷가 모두 해당된다. 이 중 바다만 해당하는 바닷가는 해안coast이다. 흔히 해안을 연안이라고도 많이 쓰는데 이는 모든 물가를 포함하므로 구분해 사용하기로 한다.

바다로 좀 더 들어가 보자. 육지에서 보는 눈앞에 펼쳐지는 바다는 앞바다인데 가까운 바다라고 해도 된다. 한문으로는 근해近海, 영어로는 On-shore. 그럼 간단한 대비로 눈앞에 펼쳐지는 범위를 벗어나면 먼바다, 원해遠海가 되고……, 원해는 바다의 크기가 더욱 커지니 원양이 되기도 한다. 영어로는 Off-shore.

필자는 별로 좋아하지 않는데, 그럭저럭 사용되는 단어가 있다. 난難바다. 그냥 먼바다라고 하면 되는데, 군이 난바다라고 한다. 적절한 의미 부여와 해석이 필요하지만 거친 바다와 먼 바다를 모두 포함하는 의미이기도 하다.

'Marginal Sea'라는 영어 단어가 있다. 부속해라고 해석하는 경우가 많다, 어떤 물건을 구성하는 부품처럼. 어떤 큰 바다에 포함되어 그 바다를 이루는 작은 바다라는 의미인 듯하다. 이쯤에서 해양ocean의 정의를 정리하고 넘어가야할 순간이다. 다양한 정의가 있지만 그러한 싸움은 전문가에게 맡기기로 하고……. 해양의 가장 그럴듯한 정의는 '자체의 독립적인 해류 시스템을 가진 바다'이다. 바다는 서로 연결되어 있기 때문에 완전히 독립적인 해류 시스템을 갖기는 어렵지만, 어쩌면 이것은 5대양을 나누는 기준이 되기도 한다. 때로는 5대양을 7대양으로 만들기도 하면서……. 인도양이 있고, 태평양과 대서양은 각각 남북으로 나누고, 늘 논란의 중심에 서 있는 남빙양과 북빙양도 추운 극지방이라 고유의 자체 해류 시스템을 가지고 있다. 남빙양은 남극대륙을 감싸고 도는 해류가 존재하고, 북빙양의 해류는 대서양의 부속해라고 하기도 하지만 여전히 대륙에는 없는 얼음 밑의 추운 바다를 포함하는 해류 구조를 가지고 있기에 해양으로 구분해도 무방할 것이다. 물론 크기로 해양을 구분할 때는 자주 제외되기도 하지만. 여하튼 자체 해류 시스템을 가진 엄청나게 큰 바다는 육지 부근에서는 육지 형상에 따라 부분적으로 다양한 해류 구조를 가지게 된다. 그러한 해류 구조나 지형적 특성에 영향을 받으나 해양에 속해 있는 바다가 '부속해'이다. 번역이 썩 마음에 들지는 않지만 필자는 '변두리 바다'라는 말을 사용하고 싶다. 그럼 연해沿海는 어떨까? 대부분의 부속해는 육지에 둘러싸여 있거나 육지 근처이다. 독자 여러분은 연해라는 단어보다는 그 옛날 발해가 차지하고 있던 연해주를 기억해 낼지도 모르겠다. 연해주는 동해 북부 연안의 바다를 따라 펼쳐지는 육지로, 지금은 러시아에 속해 있으며 시베리아 횡단열차의 동쪽 종점인 블라디보스토크가 중심 도시인 프리모르스키주이다. 주 이름이 바로 바닷가, 연안이라는 뜻으로, 여전히 연해이다.

닫는 말

바다를 색깔이나 느낌으로 표현하는 것은 매우 쉽다. 눈에 보이는 대로 표현하면 그만이다.

'푸른 바다', '붉은 바다적조로 붉어지든 저녁노을로 붉어지든 붉은 느낌이 드는 바다'

'쪽빛 바다', '누런 바다흙탕물로 탁해진 바다'

'더러운 바다', '깨끗한 바다'

'큰 바다', '작은 바다'

'얕은 바다', '깊은 바다'

'잔잔한 바다', '거친 바다'

'푸근한 바다', '무서운 바다'

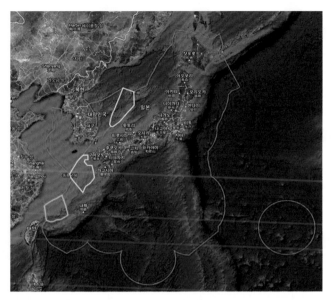

한국의 바다 경계는 분홍색이고 일본의 바다 경계는 붉은색이다. 노란색과 녹색 경계는 공동 수역

위 지도는 우리나라의 바다 크기와 이웃나라 일본의 바다 크기를 대략적으로 비교한 것이다. 일본은 우리나라보다 육지의 크기도 크지만 바다는 더 크다는 것을 알 수 있다.

바다를 가지고 온 세계가 새로운 전쟁을 하고 있다. 바다가 쓸모없다면 이러한 전쟁이 무슨 의미가 있겠는가? 바다는 엄청난 잠재력을 가진 자원의 보고이기에 자국의 바다를 확보하려는 다양한 전쟁이 벌어진다. 바다 이름도 그 대상이 된다. 어디가 우리 바다인가? 우리가 우리 것이라고 주장하는 바다를 누가 우리의 바다라고 인정해 줄 것인가?

만약 솔로몬의 재판이 지금 열린다면 고민할 필요가 없다. 아이와 어머니의 유전자 검사만으로 정확히 판결할 수 있으니. 그러나 바다는 첨단 과학이 그 주인을 알려 줄 수 없다. 예나 지금이나 이름을 붙이는 권한은 주인에게 주어진다. 그러니 이미 붙여진 이름이라면 우리가 그 주인이라고 어떻게 다른 사람을 설득해야 하겠는가? 바로 그 바다에 대하여 잘 알아야 한다. 어떤 것의 주인이라면 주인이 아닌 사람보다 그것을 더 잘 알아야 하는 것이 아닌가?

우리 바다는 우리가 잘 알고 있는 바다이다. 그리고 관심을 가지고 이름을 불러 주는 바다이다. 우리가 관심을 가지고 살펴보며, 우리가 이름을 불러 주는 바다는 모두 우리의 바다가 된다. 그리고 다른 사람도 우리의 바다라고 인정하게 된다. 우리 바다에 관심을 갖고 우리 바다 이름을 불러 보는 데 이 책이 작은 도움이 되었으면 한다.

사진에 도움 주신 분

김웅서(한국해양과학기술원), 3부 대문 87쪽
오정희(한국해양과학기술원), 2부 대문 45쪽
이향란(지성사), 6부 대문 133쪽
한국해양과학기술원, 축 80쪽, 4부 대문 119쪽, 남해 137쪽
한국해양과학기술원 부설 극지연구소, 5부 대문 127쪽, 남빙양 131쪽

참고문헌

개빈 멘지스, 조행복 옮김. 2004. 1421(중국, 세계를 발견하다). 사계절.
김기태. 2008. 세계의 바다와 해양생물. 채륜.
디딤 편저. 2011. 상식으로 꼭 알아야 할 세계지도 지리 이야기 _고
　　대부터 현대까지, 알래스카부터 아프리카까지. 삼양미디어.
라이너-K 랑너, 배진아 옮김. 2004. 남극의 대결, 아문센과 스콧.
　　생각의 나무.
량얼핑, 하진이 옮김. 2011. 세계사의 운명을 바꾼 해도. 명진출판.
레이첼 카슨, 이충호 옮김. 2003. 우리를 둘러싼 바다. 양철북.
미야자키 마사카쓰, 노은주 옮김. 2005. 지도로 보는 세계사. 이다
　　미디어.
박상진. 2005. 지중해, 문명의 바다를 가다. 한길사.
발 로스, 홍영분 옮김. 2007. 지도를 만든 사람들 _미지의 세계로
　　가는 길을 그리다. 아침이슬.
서정철. 2000. 서양 고지도와 한국(빛깔 있는 책들 38). 대원사.

신웬어우, 허일·김성준·최운봉 편역. 2005. 중국의 대항해자, 정화의 배와 항해. 심산.

안토니오 피가페타, 박종욱 옮김, 2004. 세계최초의 세계일주. 바움

알프레드 베게너, 김인수 옮김. 2010. 대륙과 해양의 기원. 나남.

양승윤, 최영수, 이희수 등. 2003. 바다의 실크로드. 청아출판사.

에드워드 J. 라슨, 임종기 옮김. 2012. 얼음의 제국 _그들은 왜 남극으로 갔나. 에이도스.

이중환. 1751. 택리지. 규장각 도서.

장서우밍·가오팡잉, 김태성 옮김. 2008. 세계지리 오디세이. 일빛.

정미선. 2009. 전쟁으로 읽는 세계사 _세계의 역사를 뒤바꿔 놓은 스물세 번의 전쟁 이야기. 은행나무.

주경철. 2008. 대항해시대 _해상 팽창과 근대 세계의 형성. 서울대학교 출판문화원.

Cotterell, A., 1999. Th Mythology Library: Classical Mythology, The ancient myths and legends of Greece and Rome, Anness Publishing Ltd., London.

International Hydrographic Organization. 1953. Limits of Oceans and Seas, 3rd Edition, Special Publication No. 23, Monte-Carlo.

National Geographic Society, 1995. Atlas of the World, Revised Sixth Edition.

Raper, P.E., Kim, J.H., Lee, K.S., and Choo, S. 2010. Geographical Issues on Maritime Names; Special Reference to the East Sea. Northeast Asian History Foundation.